ANSYS Workbench 结构与流体实例应用

黄碧辉　编著

清华大学出版社
北京

内容简介

本书基于 ANSYS Workbench 平台，通过丰富的案例，深入浅出地描述了结构模块与流体模块在工程计算中的应用过程，案例内容涵盖了结构静力学、结构动力学、结构稳态传热、结构瞬态传热、流固耦合、刚柔耦合、接触非线性、材料非线性、结构优化、结构疲劳、流体网格处理、流体传热、流固耦合、UDF、Profile文件应用、动网格、重叠网格、燃烧、Fluent 表达式功能等领域。

本书可以作为企业仿真工程师、设计工程师、结构与流体仿真相关科研人员的工作参考书，也可以作为对结构与流体仿真感兴趣的人员的入门参考书。无论读者是初学者还是有一定经验的仿真工程师，本书都能通过详尽的实例操作流程，帮助他们快速地了解 ANSYS Workbench 的基本应用流程，为他们提供宝贵的参考和指导。通过学习本书，读者能够熟练掌握 ANSYS Workbench 的基本应用，为工程实践打下坚实的基础。

图书在版编目(CIP)数据

ANSYS Workbench 结构与流体实例应用 / 黄碧辉编著. 北京：清华大学出版社，2025.1.

ISBN 978-7-302-67838-0

Ⅰ. O241.82-39

中国国家版本馆 CIP 数据核字第 20252ZW547 号

责任编辑：张彦青
装帧设计：李　坤
责任校对：孙艺雯
责任印制：刘海龙

出版发行：清华大学出版社

　　　网　　址：https://www.tup.com.cn, https://www.wqxuetang.com
　　　地　　址：北京清华大学学研大厦 A 座　　　邮　编：100084
　　　社 总 机：010-83470000　　　　　　　　邮　购：010-62786544
　　　投稿与读者服务：010-62776969, c-service@tup.tsinghua.edu.cn
　　　质量反馈：010-62772015, zhiliang@tup.tsinghua.edu.cn

印 装 者：小森印刷霸州有限公司
经　　销：全国新华书店
开　　本：190mm×260mm　　印　张：20.25　　字　数：493 千字
版　　次：2025 年 3 月第 1 版　　　　印　次：2025 年 3 月第 1 次印刷
定　　价：78.00 元

产品编号：104608-01

前　　言

随着计算机技术和数值计算方法的迅速发展，工程仿真软件在工程设计和科学研究中得到了广泛应用，ANSYS Workbench 作为通用有限元分析软件，其结构分析和流体分析功能强大且易于上手，已成为工程技术人员必备的数值计算工具。

本书系统、详细地介绍了使用 ANSYS Workbench 进行结构计算和流体计算的步骤与方法，全书分为结构计算篇和流体计算篇两大部分。

结构计算篇首先介绍了 ANSYS Workbench 的基本操作和项目设置流程，然后重点讲解了结构稳态计算、结构瞬态计算、接触非线性计算、材料非线性计算、热应力分析、结构优化计算等各类常用功能的应用，并结合丰富的工程实例进行讲解，使读者能够对结构计算有系统的了解。此外，还介绍了 ANSYS Workbench 与 Python 和 Excel 的集成应用，拓展了其在参数化分析和自动化分析方面的功能。

流体计算篇首先介绍了流体域模型和网格处理的方法，然后重点讲解了流体传热分析、瞬态分析、动网格、重叠网格、燃烧模拟等各类功能的应用，并给出了典型的实例进行操作，同时还介绍了相关的仿真技巧，方便读者在进行实际的工程计算时提升工作效率。

本书内容丰富、系统，实例翔实、典型，工程技术人员可以将实例中学习的方法应用于实际工程项目中，高等院校的学生也可以借鉴实例中介绍的方法进行学习。读者在学习本书后，能够熟练运用 ANSYS Workbench 进行结构计算和流体计算，提升工程计算与仿真的能力。

读者可扫描下面的二维码下载本书中的实例文件。

编　者

目　　录

第一篇　ANSYS Workbench 结构计算

第二篇　ANSYS Workbench 流体计算

第一篇
ANSYS Workbench 结构计算

第 1 章 ANSYS Workbench 结构计算基础

1.1 ANSYS Workbench 平台简介

CAE,即计算机辅助工程,是广泛应用于工业产品研发和设计过程中的一种技术方法,是支持工程设计人员进行创新研究和产品创新设计最重要的工具之一,是提升产品质量、缩短设计周期、提高产品竞争力的一种有效手段。CAE 在工程设计和科研领域得到了越来越广泛的重视和应用,已经成为解决复杂工程分析问题的利器。

ANSYS 是 CAE 行业领域中的一家极其具有代表性的工程仿真软件公司,其开发的工程仿真软件帮助全球用户进行结构力学、计算流体动力学、热力学、电磁学等方面的仿真模拟,产品广泛应用于航空航天、电子、交通运输、通信、建筑、医疗、军工、石油化工等众多行业。

ANSYS Workbench 作为一个集成化的工程仿真平台,它所具备的模块集成性和仿真计算能力使其在工程领域占有举足轻重的地位,它为工程师们提供了一个集结构、流体、电磁场、热力学等多种学科于一身的仿真分析平台。基于 ANSYS Workbench 友好的用户界面,工程师可以轻松地进行设计探索、仿真和分析,以验证设计的可行性。

该平台集成了多个专业工程仿真软件,包括结构分析、流体动力学、热力学和电磁分析等。ANSYS Workbench 的集成环境使得这些不同领域的联合仿真成为可能,同时也简化了这些过程的协调和执行。在传统的工程项目中,往往需要多个软件协同工作才能完成一些复杂任务,而 ANSYS Workbench 则将这些功能模块整合到了一起,在设计、研发和优化过程中,ANSYS Workbench 可以通过模拟各种复杂的物理场来处理多个领域的交叉耦合问题,比如热固耦合、流固耦合、热流固耦合、电热耦合等。这种集成化的仿真方案不仅提高了工作效率,还为工程师们提供了一个方便、统一的平台来分析、评估和验证各种复杂物理场之间的相互作用,这使得工程师们在实际项目中能够更加高效地进行研发和设计,通过 ANSYS Workbench 对产品进行多场耦合优化,以提高产品的性能、减小制造成本并减少能耗。

ANSYS Workbench 不仅为复杂的工程模拟提供了强大的支持,还具备自动化和定制化功能,用户可以通过二次开发,大幅度减少前后处理的工作量,从而大大提高工作效率。此外,ANSYS Workbench 还拥有强大的数据管理和可视化工具,能够让用户轻松地共享、管理和呈现仿真结果。

ANSYS Workbench 平台的用户界面如图 1-1 所示。左侧工具箱(Toolbox)中包含了所有的分析系统,比如屈曲、电磁、模态、显式动力学、随机振动、响应谱、刚体动力学、噪声、热电、静态结构、瞬态结构、稳态传热、瞬态传热等。

需要使用哪个分析系统,就可以用鼠标左键双击该系统,则该系统就会出现在界面中间的 Project Schematic 中。当然也可以用鼠标左键将所需要的分析系统直接拖入 Project Schematic 中。每一个分析系统都有自己的工作流程,比如图 1-1 中已经将 Steady-State Thermal(稳态热分析)拖入了 Project Schematic 中，Steady-State Thermal 有自己的工作流程，包括材料数据的定义、几何模型的准备与处理、边界条件的设定、求解计算、计算结果的后处理等，我们需要根据这个流程来进行对应的计算工作。

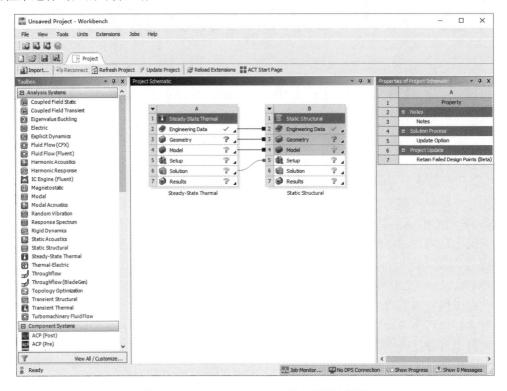

图 1-1　ANSYS Workbench 平台的用户界面

在图 1-1 中可以看到 Project Schematic 中已经存在两个分析系统，分别是 Steady-State Thermal 和 Static Structural(静态结构分析)。需要注意的是，这两个分析系统是相互连接的，这是因为我们将 Steady-State Thermal 拖入 Project Schematic 中之后，又将 Static Structural 直接拖入 Steady-State Thermal 的 A6 单元格，也就是 Steady-State Thermal 的 Solution 中，这样就形成了 Steady-State Thermal 与 Static Structural 的顺序工作流，可以实现结构稳态热分析与静态结构分析的顺序耦合计算，Steady-State Thermal 中的温度计算结果可以自动传递到 Static Structural 中，同时两个分析系统是共享材料数据和几何模型的。通过这种数据共享的方式，可以方便地将各种分析系统进行连接，实现模型、数据的共享与传递。

1.2　结构计算相关工具简介

对于具有任意复杂几何形状的变形体，通过结构计算，可完整获取在复杂外载荷作用下，它内部的精确信息，包括位移、应力、应变、温度、压力、频率等，进而对分析对象的强度、刚度、温度等进行判断。结构计算包括线性计算与非线性计算两大类。

线性计算包括零件或装配件的强度计算、刚度计算、传热计算、热固耦合计算、结构固有频率计算、响应谱计算。在非线性计算中，需要考虑材料非线性(金属材料的弹塑性、橡胶材料的超弹性)、接触非线性(零件接触状态)、几何非线性(材料大变形)。

使用 ANSYS Workbench 进行结构计算的过程中，通常会用到 Static Structural、Transient Structural、Steady-State Thermal、Transient Thermal、Eigenvalue Buckling、Explicit Dynamics、Response Spectrum、Modal、Rigid Dynamics、Topology Optimization、External Data、Response Surface Optimization 等工具，如图 1-2 所示。这些工具的内部流程基本类似，都包含了数值计算的基本内容，即从材料数据的准备到几何模型的处理，再到边界条件的设定及求解计算，最后是计算结果的后处理。

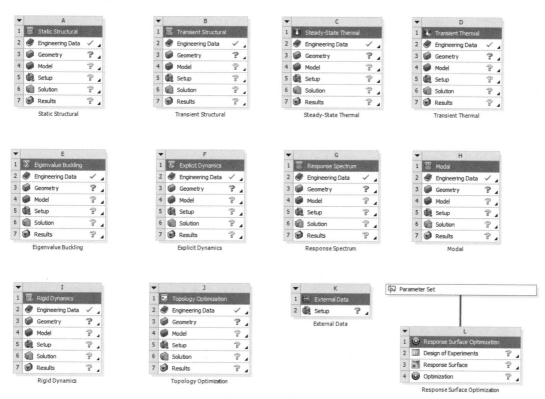

图 1-2　结构计算常用工具

1)　Static Structural(静态结构分析)

Static Structural 是 ANSYS Workbench 中最常用的工具之一。

静态结构分析是研究在静力载荷作用下的结构响应，主要关注的是结构在恒定或缓慢变化的外部载荷作用下的行为。通过静态结构分析，可以模拟各种工况载荷条件下的结构响应，以评估结构的强度、刚度和稳定性，据此工程师可以预测结构的变形、应力分布、应变以及其他关键的物理特性，从而对结构进行优化设计并避免在制造与使用过程中出现问题。

Static Structural 被广泛应用于各种工程领域中，特别是机械制造、电子、汽车、航空航天等领域。这些领域中的工程师利用 Static Structural 进行产品设计和优化，以提高产品的性能和质量，延长其使用寿命。

Static Structural 提供了全面的前后处理功能，使用户能够轻松地创建模型、施加约束和载荷，以及进行计算结果的后处理。该工具界面友好、操作简单直观，用户易于上手。此外，该工具还支持多种文件格式和数据接口，这使得与其他软件进行数据交互变得更加方便。

2）Transient Structural(瞬态结构分析)

Transient Structural 主要用于计算结构在时间相关载荷作用下的动态响应，通过计算，可以确定结构在响应任何瞬态载荷时的时变位移、应变、应力等。这种分析方法特别强调载荷与时间的相关性，这也意味着在分析过程中需要考虑惯性或阻尼效应的影响。如果惯性和阻尼效应不是主要因素，则可以使用静态结构分析。

在实际的工程应用中，瞬态结构分析能够捕捉到结构在载荷作用下的瞬态响应，包括振动、冲击等复杂行为，它能够处理各种复杂几何形状和材料行为，同时考虑了非线性效应，通过这种方式，工程师可以深入了解结构的动态性能，进而优化设计方案，减少物理测试和试验，这种方法可以有效地缩短产品开发周期并降低开发成本，提高企业的竞争力。

3）Steady-State Thermal(稳态热分析)

在 Steady-State Thermal 中，结构的热负荷不随时间变化，系统在足够长的时间内保持恒定的热边界条件，从而使得系统能够达到热平衡状态。通过计算可以得到稳态热负荷对结构的影响、结构各个部分的温度分布以及由于温度梯度引起的热应力。当然，工程师也可以在进行瞬态热分析之前进行稳态热分析，以帮助创建瞬态热分析的初始条件。

4）Transient Thermal(瞬态热分析)

在 Transient Thermal 中，结构的热负荷是随着时间变化的，温度分布随时间的变化在许多计算中是需要被考虑的，每个时间点的热负荷都有所不同。瞬态热分析能够模拟出结构在不同时间点的温度分布和应力状态，因此其被广泛应用于各种工程领域。

比如在热处理问题中，金属材料的热处理过程需要模拟温度随时间的变化，以确定材料在处理过程中的应力和变形。另外，进行电子封装设计时也需要进行瞬态热分析，以确定封装内的芯片在运行过程中产生的热量如何传递，以及如何最大限度地减少热应力。此外，制造喷嘴、发动机缸体、压力容器等设备也需要进行瞬态热分析，这些设备的运行过程中都涉及温度的变化和热量的传递，因此需要通过瞬态热分析来模拟设备的实际工作状态，以便在设计阶段预测并优化设备的性能和可靠性。

5）Eigenvalue Buckling(特征值屈曲分析)

Eigenvalue Buckling 主要用于结构的屈曲计算，对于结构的稳定性分析有至关重要的作用。对于细长结构，在外载荷特别是轴向载荷的作用下，结构极易产生变形，当外载荷达到结构的失稳临界值时，结构就会产生屈曲失稳。

通过屈曲计算，可以得到结构在给定载荷及频率下的临界载荷因子，通过这种方法，工程师可以对结构在特定频率下的稳定性进行评估，预测结构产生屈曲的临界载荷。由此可见，通过特征值屈曲分析能够获得关于结构稳定性的关键信息，这些信息对于预测可能导致结构破坏的外力至关重要。

6）Explicit Dynamics(显式动力学分析)

Explicit Dynamics 可以进行各种结构相互作用下的非线性动力学分析。它采用了显式动力学方法，能够准确地模拟结构的动态行为和响应，以及在不同载荷条件下的变形和应力分布情况。

Explicit Dynamics 具有强大的功能，可以应用于各种不同领域，包括汽车、航空航天、电子、能源等领域，它支持多种物理效应和复杂载荷条件，例如结构碰撞、冲击等。通过 Explicit

Dynamics，工程师可以预测结构的动态性能和失效行为，优化设计方案，提高产品性能和安全性。

7)　Response Spectrum(响应谱分析)

对于结构的抗震计算，通常会使用响应谱方法进行，该方法是将结构响应进行一定的组合后计算响应的最大值，这是一种常用的抗震计算方法。而瞬态结构分析，考虑了结构的惯性与阻尼作用，如果将其应用于结构抗震计算，计算量巨大，难度较高。

Response Spectrum 是根据输入的响应谱和用于组合模态响应的方法计算给定地震激励的最大响应。可用的组合方法有 SRSS、CQC 和 ROSE，虽然这些方法在具体计算过程中可能存在一些差异，但它们的目的都是为了将多个模态响应组合起来，以便更准确地预测结构在给定地震激励下的最大响应。响应谱分析与随机振动分析有些相似，不同之处在于响应谱分析关注的是确定性的最大响应值。

在进行响应谱分析时，需要先对结构的模态响应进行计算。模态响应是结构在地震激励下的振动特性，这些模态响应可以通过数值模拟得到，一旦获得了这些模态响应数据，就可以使用响应谱方法来计算结构在地震激励下的最大响应。

8)　Modal(模态分析)

Modal 用于确定结构的振动特性，即结构的固有频率和对应的振型，这些数据是结构设计中的重要参数。通过模态分析，可以获得结构固有频率和振型的具体数值，这些数值可以用于基于模态叠加方法的动力学计算中。例如，在谐波响应分析、随机振动分析或频谱分析等动力学计算中，模态分析结果可以为这些计算提供重要的输入参数，可以帮助工程师更好地了解结构的性能和响应，从而更好地优化结构设计。

9)　Rigid Dynamics(刚体动力学分析)

Rigid Dynamics 专门用于评估由运动副连接的刚体装配结构的动力学响应。它具有强大的刚体动力学仿真能力，可以模拟复杂的机械系统在各种动态条件下的行为。通过 Rigid Dynamics，工程师可以准确地模拟刚体在受到外部激励时的动态响应。

10)　Topology Optimization(拓扑优化)

Topology Optimization 可以实现结构的最优设计。在优化设计过程中，Topology Optimization 首先会根据预设的设计目标和约束条件，精确评估模型选定区域的材料分布，并筛选出具有最佳性能的材料布局，通过这种方式，Topology Optimization 能够根据设计条件快速得出原始几何模型的最佳结构设计，为客户提供精准的设计方案，这样的设计方法可以大大减少设计过程中的工作量，提高设计的效率和准确性，并在保证结构安全性的同时，使得设计的结果更加符合用户的需求。

11)　External Data(外部数据工具)

External Data 可以让用户将文本文件中的数据导入 Static Structural、Transient Structural、Steady-State Thermal、Transient Thermal、Modal、Explicit Dynamics 等工具中，这样就可以实现外部计算数据的导入，将外部的计算数据作为 ANSYS 计算的边界条件。

12)　Response Surface Optimization(响应面优化)

Response Surface Optimization 化可以通过使用目标驱动的优化算法，生成针对特定设计目标的优化设计方案。通过定义一系列的设计目标，并考虑每个输出参数的特性和重要性，可以有效地确定优化设计的范围和约束条件。这些目标可以是各种性能指标，例如强度、刚度等，同时，还可以为每个目标定义相应的约束条件，以确保优化结果满足实际工程需求。

在实施响应面优化时，需要定义一系列设计变量，这些变量可以是设计参数、材料属性或其他影响设计性能的因素。利用目标驱动的优化算法进行迭代计算，根据定义的目标和约束条件，不断调整设计变量，以获得最佳的优化结果。这个优化方法的优点在于，可以有效地处理复杂的、多目标的问题。通过定义不同的目标和约束条件，可以根据实际工程需求，灵活地调整优化方案的范围和侧重点。

1.3 结构计算的基本使用流程

结构计算的基本使用流程包括以下几个方面。

1) 简化计算问题

首先，充分了解计算的目的和内容是至关重要的。在进行结构计算之前，需要明确计算的目标是什么。例如是预测结构的静力行为、动力学特征，还是进行结构的优化设计，对于复杂的实际问题，还需要对计算问题进行适当的简化。例如，在动力学问题中，如果惯性和阻尼效应不是主要因素，就可以将其简化为静力学问题。

其次，对计算问题进行简化也需要有一定的技巧。例如，当涉及具有对称性的几何模型和边界条件时，就可以利用对称性对模型进行简化。例如，在处理环形结构时，可以运用轴对称模型进行简化计算；对于薄板结构，可以考虑使用壳单元进行简化计算；而对于一些常见的钢结构模型，可以考虑使用梁、杆单元进行简化计算。

2) 确定计算工具

在进行计算问题分析并加以简化之后，便可以确定用来解决当前问题的计算工具。针对静态结构问题，我们可以选择 Static Structural 这一计算工具；对于结构稳态传热问题，则可以采用 Steady-State Thermal 来进行计算；而针对结构热应力问题，可以使用 Steady-State Thermal 和 Static Structural 进行热固耦合计算。这些计算工具的选择都是基于问题的特性与需求，以便有效地解决不同领域的结构计算问题。

3) 建立几何模型

通常是使用其他专业的三维设计软件建立我们所需要的几何模型，然后将模型导出中间格式，再将其导入 ANSYS Workbench 的 SpaceClaim 中，最后使用 SpaceClaim 对导入的模型进行处理。如果是简单的模型，其实不需要做什么处理工作，但是对于一些复杂模型，需要对其进行中面的抽取等操作。使用 SpaceClaim 可以很容易地处理这些模型简化、修复和修改的问题，也可以使用 SpaceClaim 或者 Design Modeler 直接建立一些简单的二维或者三维模型。

4) 建立材料数据

对于一般的结构弹性变形的静力学问题，需要设定材料的弹性模量和泊松比。对于材料非线性问题，除了弹性模量和泊松比之外，还需要设定材料的应力应变曲线，应力应变曲线描述了材料在受到外力作用下的变形情况，它反映了材料在外力作用下的力学性能。对于传热问题，需要确定材料的热传导系数、比热值等热学参数。热传导系数是衡量材料传热能力的物理量，它的值越大表示材料的导热能力越强。如果关注模型的热膨胀和热应力问题，还需要设定材料的热膨胀系数，热膨胀系数是衡量材料在温度变化时发生体积变化的物理量，它的值越大表示材料的热膨胀能力越强。对于不同的材料,其热膨胀系数也不同,因此需要在模型中设定相应的值以进行精确计算。

5）　划分模型网格

在结构计算中,网格划分是一个至关重要的步骤,它直接影响着计算精度和计算效率。网格划分是将连续的物理空间离散化为由有限个离散的网格单元组成的计算域的过程。在 ANSYS Workbench 中,网格划分主要通过 Mesh 功能来实现,Mesh 功能提供了多种划分方式和划分工具,能够对模型进行灵活的网格划分。在几何模型处理完成之后,我们需要根据模型的形状特征,选择合适的网格类型。在网格划分过程中,还需要对关注的区域进行网格加密处理,加密处理可以增加网格密度,提高计算精度,但同时也可能增加计算量。因此,在加密处理时需要权衡计算精度和计算效率。另外,为了确保计算精度和准确性,还需要关注网格的质量,网格质量包括网格的纵横比、雅克比比率、翘曲系数等指标,这些指标都会对计算结果产生影响。因此,在网格划分过程中,需要对网格质量进行评估和优化,以保证计算结果的可靠性和准确性。

6）　确定边界条件

在 ANSYS Workbench 的计算工具中,针对不同的工况,需要根据实际需求精确地施加约束和载荷。常见的约束类型包括固定约束、位移约束、对称约束、远端位移约束等。在模拟过程中,这些约束能够有效地限制模型在某些方向上的移动和变形。同时,还需要施加各种载荷,如均布力、压力等。这些载荷可以模拟物体之间的相互作用力,从而真实反映实际情况。

如果模型为装配体,并且模型之间存在接触面,还需要设定接触关系。接触关系包括绑定接触、摩擦接触、无摩擦接触等。摩擦接触需要考虑摩擦力的影响,设定摩擦系数、接触刚度等。

另外,如果模型之间是通过运动副连接的,还需要设定连接方式。常见的连接方式包括固定连接、旋转副连接、铰链连接、球形连接等。这些连接方式能够真实地模拟物体之间的运动关系。

总之,在 ANSYS Workbench 的计算工具中,确定边界条件是确保模型真实性和精确性的关键步骤。只有设定正确的边界条件才能使模拟结果更符合实际情况,从而更好地应用于工程实践和科学研究中。

7）　确定求解参数

在 ANSYS Workbench 中确定求解参数是一项非常关键的任务,特别是对于瞬态计算,因为求解参数的设定将直接影响瞬态问题的求解精度和稳定性。为了准确地模拟瞬态问题的求解过程,需要对时间步进行设定,时间步的大小会影响计算的精度及效率。因此,在确定求解参数时,需要进行综合考虑,以获得最佳的求解效果。

8）　计算结果后处理

在 ANSYS Workbench 中进行计算结果的后处理是一个非常重要的环节。通过细致而详尽的后处理,用户可以更加全面地了解计算结果的细节和特征,以便对问题进行深入的分析和处理。后处理的方式多种多样,包括结果云图、曲线图、动画等多种形式,这些方式能够将计算结果以更加直观、易懂的方式呈现出来,从而帮助用户更好地理解和掌握计算结果。

在进行后处理时,用户可以根据需要选择不同的方式来呈现计算结果。例如,通过结果云图，用户可以将计算结果以三维立体的形式呈现出来，从而更好地了解结构的形状、位置、尺寸等信息；用户还可以将数据处理成曲线图的形式，从而更好地了解数据的变化趋势和规律。此外，动画也是一种非常有效的后处理方式，通过动画用户可以更加直观地观察结构的变化过程和运动轨迹，从而更好地了解结构的动态特性和规律。

总之，在 ANSYS Workbench 中进行计算结果的后处理，用户可以更加全面地了解计算结果的细节和特征，从而更好地对问题进行深入的分析和处理，提高分析效率和分析质量，为工程应用提供更加坚实的技术保障。

第 2 章　结构稳态计算

2.1　结构热固耦合计算

在实际工程中，有时候可以忽略温度对结构的影响，那么就可以对计算进行简化，也就是直接使用结构计算模块对模型进行计算。

但是当温度对结构的影响较大，也就是必须考虑由于温度引起的结构热变形以及热应力时，则需要将温度对结构的影响考虑进来，去计算结构在温度影响下的力学响应。

在 ANSYS Workbench 中使用稳态热分析模块与静态结构分析模块，对结构进行顺序热固耦合计算，得到结构的热变形与热应力分布。

2.1.1　实例介绍

在顺序热固耦合计算中，我们首先需要获得结构的温度场。建立结构的几何模型，几何模型如图 2-1 所示，在稳态热分析模块中定义材料热物性参数，施加热边界条件，并进行稳态传热计算，得到结构的温度场分布。

图 2-1　结构的几何模型

然后将传热计算结果作为载荷，导入静态结构分析模块中。在静态结构分析模块中定义边界条件并进行热固耦合计算。当然，在这个案例中，还介绍了 External Data 功能，它可以将外部的节点温度数据表导入 ANSYS Workbench 中作为模型的节点温度，并对模型进行热固耦合计算，得到结构的热变形和热应力分布。

通过稳态热分析模块与静态结构分析模块的顺序耦合计算，可以全面评估温度载荷对结构力学性能的影响，这种顺序耦合计算方法简单、直接，可以有效地反映温度场与结构力学响应之间的相互作用，是进行热结构分析的重要手段之一。

2.1.2　通过传热计算得到模型温度场

我们首先需要得到模型的温度分布。

(1)　启动 ANSYS Workbench，加载 Steady-State Thermal(稳态热分析)模块。

(2)　右键单击 A3 单元格，选择 Import Geometry→Browse，弹出"文件选择"对话框，选择几何模型文件 ex1\ex1.stp。

(3) 双击 A4 单元格，进入稳态热分析模块。

本案例的模型使用默认材料，所以不需要对材料设置进行修改。

(4) 单击模型树节点 Mesh，在 Details of "Mesh"中设定模型单元的长度为 5 mm。

(5) 右键单击模型树节点 Mesh，选择 Generate Mesh，生成模型网格，如图 2-2 所示。

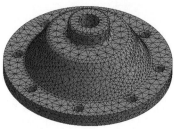

图 2-2　模型网格

(6) 右键单击模型树节点 Steady-State Thermal，添加 Temperature(温度边界)，以及 Convection(对流换热边界)。

(7) 在 Details of "Temperature"中，选择模型内部的 3 个表面作为热边界面，同时定义其温度为 70℃，如图 2-3 所示。

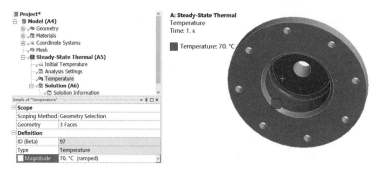

图 2-3　温度边界

(8) 在 Details of "Convection"中，选择模型外部的 9 个表面作为对流换热面，同时定义其对流换热系数为 300 W/m^2℃，如图 2-4 所示。

图 2-4　对流换热边界

在这里，可能会遇到单位制的问题，可以通过 Home→Tools→Units 来调整单位制，如图 2-5 所示。

图 2-5　单位制调整

(9)　右键单击模型树节点 Steady-State Thermal 下的 Solution，单击 Solve 进行计算。

(10) 右键单击模型树节点 Solution，选择 Insert→Thermal→Temperature，得到模型温度场，如图 2-6 所示。

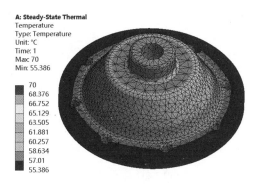

图 2-6　模型温度场

2.1.3　顺序耦合计算

得到模型的温度场之后，就可以将其用于耦合计算了。

(1)　在 ANSYS Workbench 中，加载一个 Static Structural(静态结构分析)模块，将其拖入稳态热分析模块的 A6 单元格中，如图 2-7 所示。

(2)　加载完成后，温度场结果就可以导入静态结构分析模块了，如图 2-8 所示。

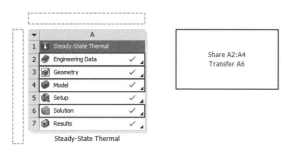

图 2-7　加载静态结构分析模块

(3)　单击 B5 单元格，进入静态结构分析模块。

(4)　在模型树节点中找到 Static Structural→Imported Load→Imported Body Temperature。

(5) 右键单击模型树节点 Imported Body Temperature，选择 Import Load，即可将温度场导入，如图 2-9 所示。

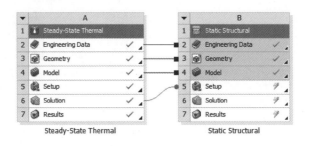

图 2-8　加载完成

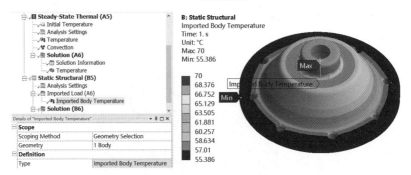

图 2-9　导入模型的温度场

(6) 右键单击模型树节点 Static Structural，选择 Insert→Fixed Support，添加一个固定约束。

(7) 在 Details of "Fixed Support" 中，选择模型底面作为固定约束面，如图 2-10 所示。

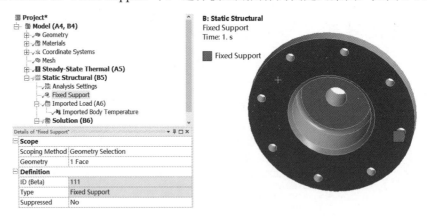

图 2-10　固定约束设定

(8) 右键单击模型树节点 Solution，选择 Solve 进行计算。

(9) 计算完成后，右键单击模型树节点 Solution，选择 Insert→Equivalent Stress，插入模型的热应力结果；右键单击模型树节点 Solution，选择 Insert→Total Deformation，插入模型热变形结果，分别右键单击 Equivalent Stress 与 Total Deformation，选择 Evaluate All Results，得到相应的结果云图，如图 2-11 和图 2-12 所示。

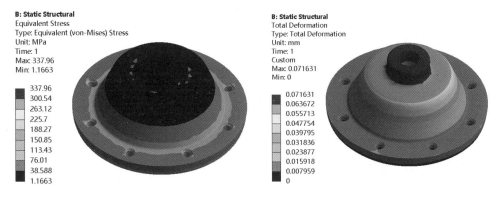

图 2-11　热应力云图　　　　　　　图 2-12　热变形云图

2.1.4　将外部节点数据导入作为温度边界

上一节已经完成了一个结构的热固顺序耦合计算，模型的温度场是通过稳态温度计算模块得到的。其实还存在一种应用场景，即模型的温度场是由其他工程师使用其他工具计算得到的，在这种场景中，我们可以将使用其他工具计算得到的节点温度数据导入 ANSYS Workbench 中。

（1）在 ANSYS Workbench 中加载 External Data 与 Static Structural，并进行连接，用于数据传递，如图 2-13 所示。

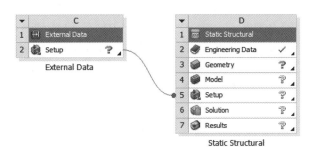

图 2-13　加载 External Data 和 Static Structural 并连接

（2）右键单击 C2 单元格，选择 Edit，进入 External Data。

（3）在 Location→...中选择外部的节点温度数据表 ex1-temp.xls，如图 2-14 所示。该数据表中包含了节点的编号、节点坐标、节点温度值。

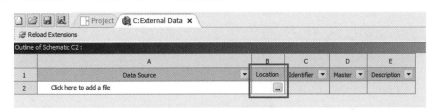

图 2-14　加载外部数据表

加载之后，可以在 Preview of File 中预览导入的数据，发现并没有完成数据分列，如图 2-15 所示。

（4）在 Properties of File 中，将 Start Import At Line 设定为 2，即从外部数据表的第 2 行进

行读取。将 Delimiter Type 设定为 Tab，对导入的数据进行分列，将 Length Unit 设定为 mm，将导入的数据设定为毫米制，如图 2-16 所示。再次预览导入的数据，数据已完成分列，但是还缺少每列数据的数据类型，如图 2-17 所示。

（5）在 Table of File 中设定 5 行数据的类型，分别为节点号、X 坐标、Y 坐标、Z 坐标、温度，如图 2-18 所示。

（6）最后在 Preview of File 中可以预览导入的数据，如图 2-19 所示。

Preview of File - E:\cae_case\FEA\ex2-1\ex2-1-temp.xls

	A
2	Node NumberX Location (mm)Y Location (mm)Z Location (mm)Temperature (��C)
3	129.99999930.54.999999766.950882
4	229.5908395-4.9378378354.999999766.9549026
5	328.3745173-9.7409840754.999999766.9474258
6	426.3842121-14.278422154.999999766.9594116
7	523.6742161-18.426381154.999999766.9454498
8	620.3184467-22.071717354.999999766.8844986
9	716.4084453-25.114994554.999999766.815918
10	812.0508624-27.473200154.999999766.9288406

图 2-15   导入的数据

Properties of File - E:\cae_case\FEA\ex2-1\ex2-1-temp.xls

	A	B	C
1	Property	Value	Unit
2	⊟ Definition		
3	Dimension	3D	
4	Start Import At Line	2	
5	Format Type	Delimited	
6	Delimiter Type	Tab	
7	Delimiter Character	Tab	
8	Length Unit	mm	
9	Coordinate System Type	Cartesian	
10	Material Field Data	☐	

图 2-16   Properties of File 表的设置

Preview of File - E:\cae_case\FEA\ex2-1\ex2-1-temp.xls

	A	B	C	D	E
1	Not Used	Not Used	Not Used	Not Used	Not Used
2	1	29.9999993	0.	54.9999997	66.950882
3	2	29.5908395	-4.93783783	54.9999997	66.9549026
4	3	28.3745173	-9.74098407	54.9999997	66.9474258
5	4	26.3842121	-14.2784221	54.9999997	66.9594116
6	5	23.6742161	-18.4263811	54.9999997	66.9454498
7	6	20.3184467	-22.0717173	54.9999997	66.8844986
8	7	16.4084453	-25.1149945	54.9999997	66.815918
9	8	12.0508624	-27.4732001	54.9999997	66.9288406
10	9	7.36456458	-29.0820077	54.9999997	66.9240112
11	10	2.47738045	-29.8975352	54.9999997	66.949913

图 2-17   完成分列的数据

Table of File - E:\cae_case\FEA\ex2-1\ex2-1-temp.xls : Delimiter - 'Tab'

	A	B	C	D	E
1	Column	Data Type	Data Unit	Data Identifier	Combined Identifier
2	A	Node ID			File1
3	B	X Coordinate	mm		File1
4	C	Y Coordinate	mm		File1
5	D	Z Coordinate	mm		File1
6	E	Temperature	C	Temperature1	File1:Temperature1

图 2-18   Table of File 表的设置

(7) 完成数据表的导入后，右键单击 C2 单元格，选择 Update 进行数据的更新。

(8) 右键单击 D3 单元格，导入几何模型文件 ex1.stp。

(9) 双击 D4 单元格，进入静态结构分析模块，完成数据更新，如图 2-20 所示。

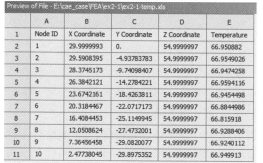

图 2-19　预览导入的数据

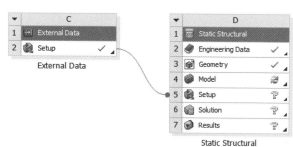

图 2-20　完成数据更新

(10) 右键单击模型树节点 Imported Load，选择 Insert→Body Temperature，添加导入体温度功能。

(11) 在 Details of "Imported Body Temperature" 中，选择整个模型 Body，如图 2-21 所示。

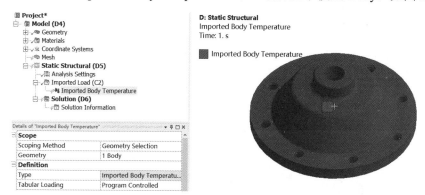

图 2-21　选择整个模型

(12) 右键单击模型树节点 Imported Body Temperature，选择 Import Load，即可导入外部节点温度数据，导入完成后模型的温度场如图 2-22 所示。

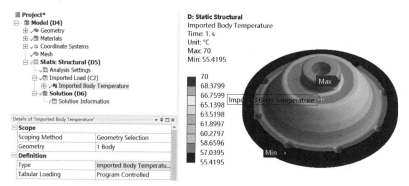

图 2-22　模型的温度场

基于已经得到的温度场，就可以在当前的静态结构分析模块中细化网格，设定外载荷与约束，直接进行热固耦合计算了。

2.2 结构单元的连接

在实际的工程应用中，为了简化模型，采用各种类型的单元混合建模的方法是相当常见的。例如，在同一个模型中，实体单元、壳单元、梁单元等各种类型的单元可能同时存在，这些不同类型单元的混合使得模型更加复杂，这些单元往往是不连续的，且具有不同的自由度，因此将它们连接起来并实现载荷的有效传递，是进行模型调试和计算的重要前提。

在这种情况下，我们可以使用 MPC(多点约束)等方法，在 ANSYS Workbench 中进行不同类型的单元连接。这种方法能够有效地模拟不同类型单元之间的连接，从而保证在加载和计算过程中载荷能够得到有效的传递。

2.2.1 实例介绍

本实例中，模型由两个零件组成，如图 2-23 所示。模型由一个薄壁圆筒和一个薄板组成，薄壁圆筒部分使用壳单元和梁单元进行模拟，而薄板部分使用实体单元与壳单元进行模拟，通过 MPC 方法将这两个零件连接起来，从而实现载荷的传递。

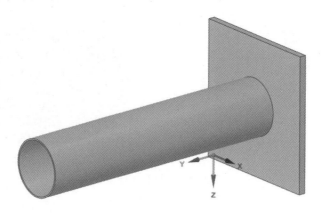

图 2-23　结构计算模型

2.2.2 壳单元与实体单元连接

薄壁圆筒使用壳单元，薄板使用实体单元，使用 MPC 对这两类单元进行连接。

(1) 启动 ANSYS Workbench，加载 Static Structural(静态结构分析)模块。

(2) 右键单击 A3 单元格，选择 Import Geometry→Browse，弹出"文件选择"对话框，选择几何模型文件 ex2\ex2_shellsolid.scdoc。

(3) 双击 A4 单元格，进入静态结构分析模块。

本案例的模型使用默认材料，所以不需要对材料设置进行修改。薄壁圆筒的壁厚根据.scdoc 文件中的几何模型，自动定义为 1 mm，如图 2-24 所示。

(4) 单击模型树节点 Mesh，在 Details of "Mesh"中设定模型单元的长度为 2 mm。

(5) 右键单击模型树节点 Mesh，选择 Generate Mesh，生成模型网格，如图 2-25 所示。

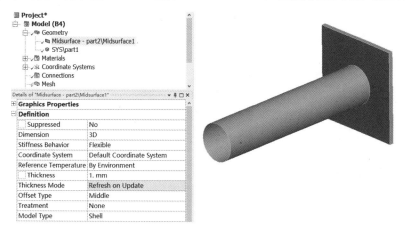

图 2-24　定义圆筒厚度

图 2-25　模型网格划分

(6) 右键单击模型树节点 Connections，选择 Insert→Manual Contact Region，插入一个接触对。Target 即目标面，选择薄板表面，Contact 即接触面，选择圆筒壳单元模型的端面圆周线。设置接触类型为 Bonded，即绑定连接。设定 Formulation 为 MPC 类型，同时可以将 Constraint Type 定义为 Distributed, Normal Only，如图 2-26 所示。

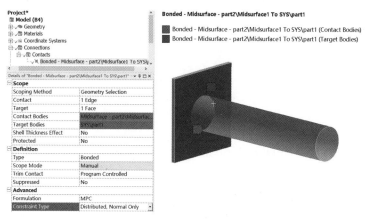

图 2-26　接触对设置

(7) 右键单击模型树节点 Static Structural，选择 Insert→Fixed Support，添加一个固定约束。在 Details of "Fixed Support"中，选择薄板的底面作为固定约束面，如图 2-27 所示。

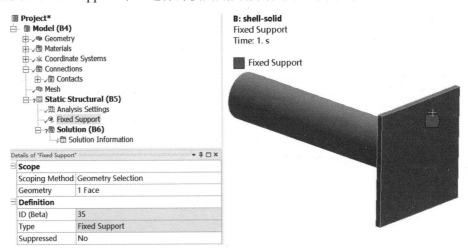

图 2-27　固定约束设定

(8) 右键单击模型树节点 Static Structural，选择 Insert→Force，添加一个外载荷。在 Details of "Force"中，在薄壁圆筒端面的圆周线处加载沿 X 轴负方向的 100 N 外载荷，如图 2-28 所示。

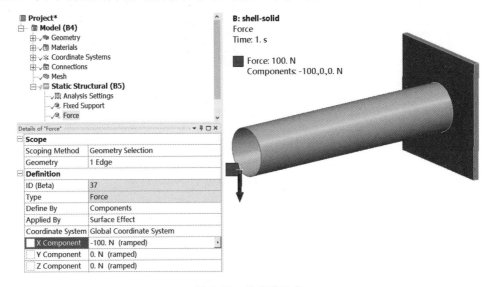

图 2-28　外载荷设定

(9) 右键单击模型树节点 Solution，选择 Solve 进行计算。

(10) 右键单击模型树节点 Solution，选择 Insert→Total Deformation，插入模型的整体变形结果。右键单击模型树节点 Total Deformation，选择 Evaluate All Results，得到结果云图，如图 2-29 所示。

(11) 右键单击模型树节点 Solution，选择 Insert→Equivalent Stress，插入模型的等效应力结果。右键单击模型树节点 Equivalent Stress，选择 Evaluate All Results，得到结果云图，如图 2-30 所示。

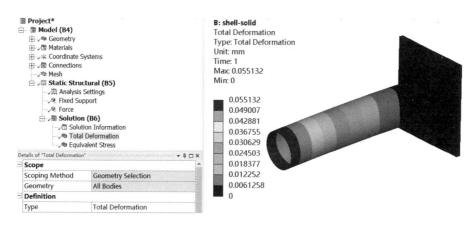

图 2-29　模型变形云图

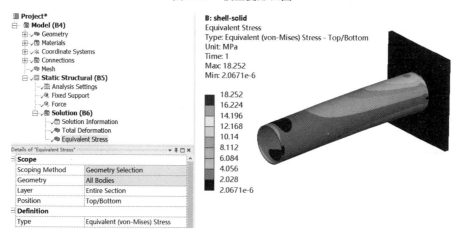

图 2-30　模型等效应力云图

2.2.3　梁单元与实体单元连接

如果将薄壁圆筒简化为梁单元，也可以使用 MPC 将其与薄板进行连接。

(1)　在 ANSYS Workbench 中，再加载一个 Static Structural(静态结构分析)模块。

(2)　右键单击 B3 单元格，选择 Import Geometry→Browse，弹出"文件选择"对话框，选择几何模型文件 ex2\ex2_beamsolid.scdoc。

(3)　双击 B4 单元格，进入静态结构分析模块。

本案例的模型使用默认材料，所以不需要对材料设置进行修改。薄壁圆筒的梁截面已经根据.scodc 文件中的几何模型自动定义，如图 2-31 所示。

(4)　单击模型树节点 Mesh，在 Details of "Mesh"中设定模型单元的长度为 2 mm。

(5)　右键单击模型树节点 Mesh，选择 Generate Mesh 生成模型网格，如图 2-32 所示。

(6)　右键单击模型树节点 Connections，选择 Insert→Joint，插入一个连接，设置连接类型为 Body-Body 的 Fixed，即两个物体之间是固定连接。在 Reference 中选择梁单元与薄板接触的端点，在 Mobile 中选择薄板表面，同时设置其类型为 Deformable，如图 2-33 所示。

21

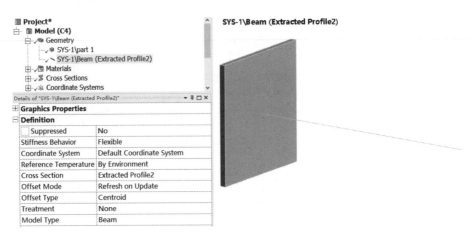

图 2-31　圆筒梁单元

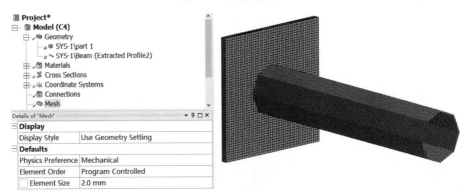

图 2-32　模型网格划分

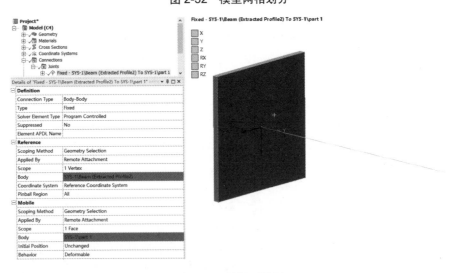

图 2-33　接触对设置

　　(7) 右键单击模型树节点 Static Structural，选择 Insert→Fixed Support，添加一个固定约束。在 Details of "Fixed Support"中选择薄板底面作为固定约束面，如图 2-34 所示。

　　(8) 右键单击模型树节点 Static Structural，选择 Insert→Force，添加一个外载荷。在 Details

of "Force"中，在梁单元的端点加载沿 X 轴负方向的 100 N 外载荷，如图 2-35 所示。

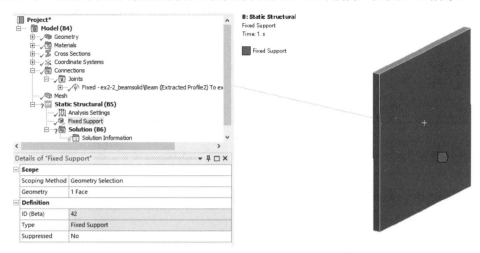

图 2-34　固定约束设定

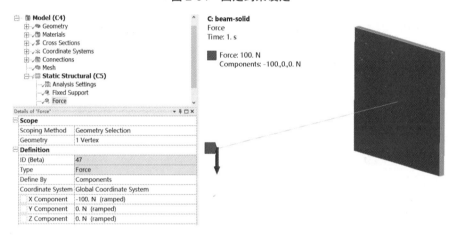

图 2-35　外载荷设定

（9）右键单击模型树节点 Solution，选择 Insert→Total Deformation，插入模型的整体变形结果。右键单击 Total Deformation，选择 Evaluate All Results，得到结果云图，如图 2-36 所示。

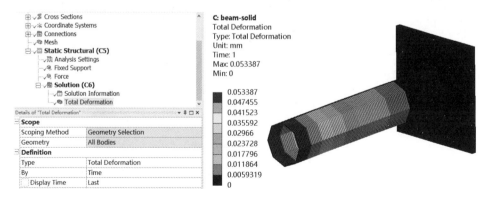

图 2-36　模型变形云图

（10）右键单击模型树节点 Solution，选择 Insert→Maximum Combined Stress，得到梁单元的组合应力图，如图 2-37 所示。

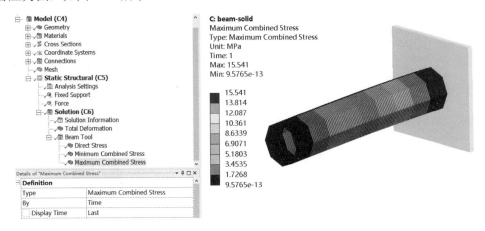

图 2-37　梁单元的组合应力图

2.2.4　壳单元与壳单元连接

如果将薄壁圆筒与薄板同时使用壳单元进行简化，可以将两者进行连接。

（1）在 ANSYS Workbench 中，再加载一个 Static Structural(静态结构分析)模块。

（2）右键单击 C3 单元格，选择 Import Geometry→Browse，弹出"文件选择"对话框，选择几何模型文件 ex2\ex2_shellshell.scdoc。

（3）双击 C4 单元格，进入静态结构分析模块。

本案例的模型使用默认材料，所以不需要对材料设置进行修改。薄壁圆筒与薄板的厚度都已经根据.scdoc 文件中的几何模型自动定义，如图 2-38 所示。

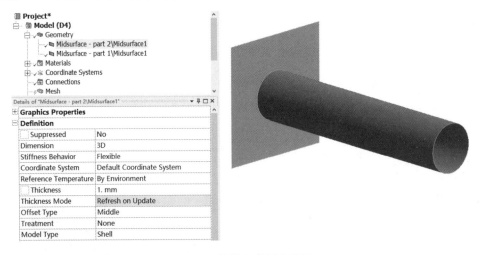

图 2-38　圆筒与薄板壳单元

（4）单击模型树节点 Mesh，在 Details of "Mesh"中设定模型单元的长度为 2 mm。

（5）右键单击模型树节点 Mesh，选择 Generate Mesh，生成模型网格，如图 2-39 所示。

（6）右键单击模型树节点 Connections，选择 Insert→Manual Contact Region，插入一个接

触对。Target 即目标面，选择薄板表面；Contact 即接触面，选择圆筒壳单元模型的端面圆周线。设置接触类型为 Bonded，即绑定连接。设定 Formulation 为 MPC 类型，如图 2-40 所示。

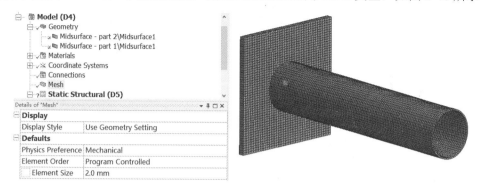

图 2-39　模型网格划分

图 2-40　接触对设置

（7）右键单击模型树节点 Static Structural，选择 Insert→Fixed Support，添加一个固定约束。在 Details of "Fixed Support"中选择薄板底面作为固定约束面，如图 2-41 所示。

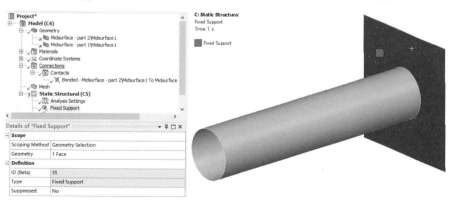

图 2-41　固定约束设定

（8）　右键单击模型树节点 Static Structural，选择 Insert→Force，添加一个外载荷。在 Details of "Force" 中，在薄壁圆筒端面的圆周线处加载沿 X 轴负方向的 100 N 外载荷，如图 2-42 所示。

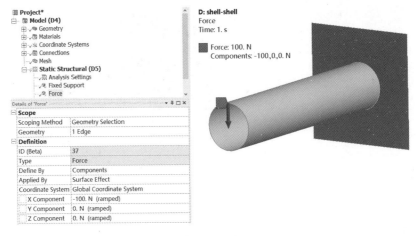

图 2-42　外载荷设定

（9）　右键单击模型树节点 Solution，选择 Insert→Total Deformation，插入模型的整体变形结果。右键单击 Total Deformation，选择 Evaluate All Results，得到结果云图，如图 2-43 所示。

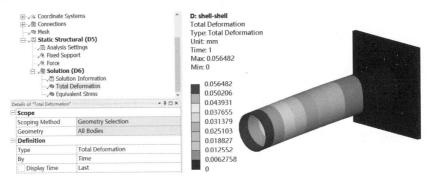

图 2-43　模型变形云图

（10）右键单击模型树节点 Solution，选择 Insert→Equivalent Stress，插入模型的等效应力结果。右键单击 Equivalent Stress，选择 Evaluate All Results，得到结果云图，如图 2-44 所示。

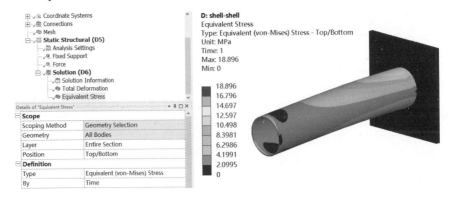

图 2-44　模型等效应力云图

2.3　螺栓连接的简化分析

螺栓连接是设备设计中一种常用的紧固连接方式，能够有效地将两个或多个零件连接在一起，保证设备的稳定性和可靠性。在 ANSYS Workbench 中对螺栓连接的强度计算过程进行建模时，经常使用以下几种方法。

(1) 在建模时并不考虑螺栓本身的结构，而是将两个需要连接的零件通过绑定接触的方式连接在一起。这种方法不考虑螺栓预紧力，因此求解速度相对较快，但缺点是会导致结构过于刚性，并且不能得到每个螺栓的载荷分布情况。

(2) 在建模时将螺栓连接简化为一个梁单元进行计算。这种方法考虑了螺栓预紧力，通过计算可以得到螺栓载荷。这种方法相对于第一种方法更加精确，但是忽略了螺栓本身的细节结构。

(3) 在建模时将螺栓使用实体单元进行模拟，实体单元考虑螺栓预紧力，忽略螺纹特征。这种方法可以考虑螺栓与垫片之间的摩擦接触，由于忽略了螺纹特征，因此计算量相对较小。

(4) 在建模时将螺栓使用实体单元进行模拟，实体单元考虑螺栓预紧力，通过建立螺纹接触来处理实体螺纹特征。这种方法可以更加精确地模拟螺栓本身的细节结构，但是计算量非常大。

2.3.1　实例介绍

在本实例中，使用图 2-45 所示的装配模型，采用梁单元简化的方式，对结构中的螺栓进行简化处理。

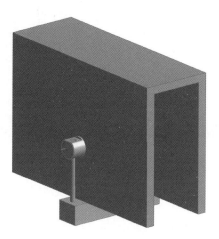

图 2-45　螺栓连接模型

2.3.2　分析流程

(1) 启动 ANSYS Workbench，加载 Static Structural(静态结构分析)模块。

(2) 右键单击 A3 单元格，选择 Import Geometry→Browse，弹出"文件选择"对话框，选择几何模型文件 ex3\ex3.agdb。

（3）双击 A4 单元格，进入静态结构分析模块。

（4）在模型树节点 Geometry 中，可以看到模型由 5 个零件组成，其中两个 Line Body 就是用于模拟螺栓连接的梁单元，如图 2-46 所示。

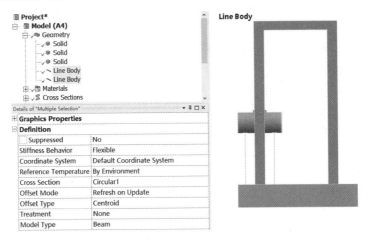

图 2-46　模型的组成

（5）单击模型树节点 Connections→Contacts，可以看到已经建立了两个接触对，其中第一个接触对为销轴与孔的绑定连接，如图 2-47 所示。

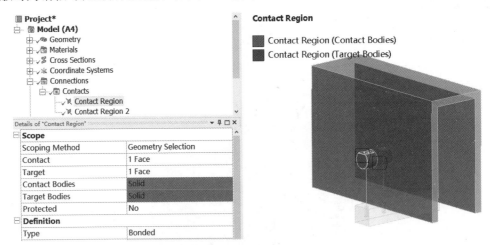

图 2-47　销轴与孔绑定连接

（6）第二个接触对为两个连接件之间的接触，将接触类型修改为 Frictionless，即简化为无摩擦的类型，如图 2-48 所示。

（7）右键单击模型树节点 Connections，选择 Insert→Joint，插入一个连接。在 Details of "Fixed-Line Body To No Selection"中，默认使用 Body-Body 的固定连接方式，在 Reference 的 Scope 中，选择梁单元的端点，如图 2-49 所示。

（8）在 Mobile 的 Scope 中，选择垫圈接触面，同时在 Behavior 中选择 Deformable，如图 2-50 所示。

（9）　右键单击模型树节点 Joints，选择 Insert→Joint，插入一个连接。在 Details of "Fixed-Line Body To No Selection"中，默认使用 Body-Body 的固定连接方式，在 Reference 中的 Scope 中，选择梁单元另外一个端点，如图 2-51 所示。

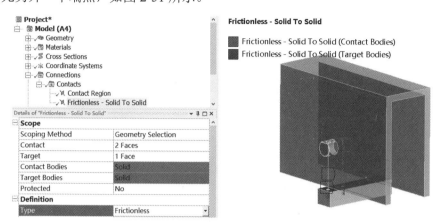

图 2-48　连接件的接触关系

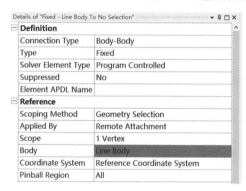

图 2-49　连接设置(1)

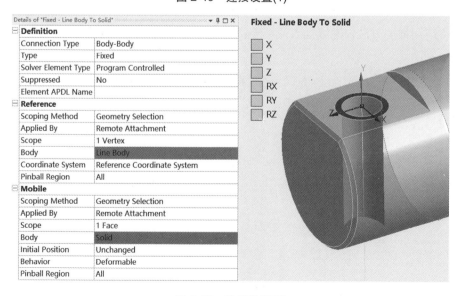

图 2-50　连接设置(2)

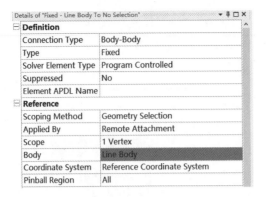
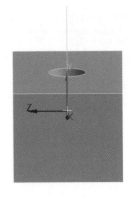

图 2-51 连接设置(3)

(10) 在 Mobile 的 Scope 中，选择连接件内孔面，同时在 Behavior 中选择 Deformable，设定 Pinball Region 为 20 mm，如图 2-52 所示。

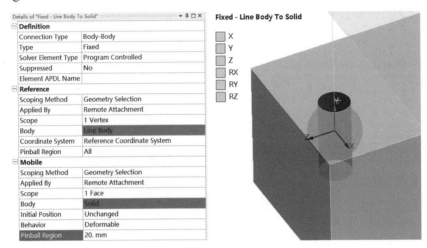

图 2-52 连接设置(4)

(11) 使用同样的方法，继续插入两个连接，用于另外一个梁单元的连接，如图 2-53 所示。

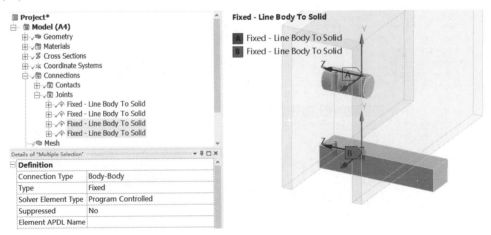

图 2-53 连接设置(5)

(12) 单击模型树节点 Mesh，在 Details of "Mesh"中设定模型单元的长度为 10 mm。

(13) 右键单击模型树节点 Mesh，选择 Generate Mesh，生成模型网格，如图 2-54 所示。

图 2-54　模型网格划分

(14) 单击模型树节点 Analysis Settings，在 Details of "Analysis Settings"中，设定 Number Of Steps 为 2，即使用两个载荷步进行计算，如图 2-55 所示。

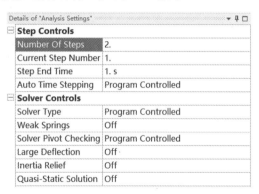

图 2-55　载荷步设置

(15) 右键单击模型树节点 Static Structural，选择 Insert→Bolt Pretension，添加一个螺栓预紧力。在 Details of "Bolt Pretension"中，设定 Scope 的 Geometry 为梁单元所在的 Line Body，如图 2-56 所示。

(16) 在螺栓预紧力的 Tabular Data 中，在 Steps1 中设定其预紧力为 200 000 N，在 Steps2 中设置 Define By 为 Lock，如图 2-57 所示。

(17) 使用同样的方法，设定另外一个梁单元的螺栓预紧力，同样按照两个载荷步进行加载，如图 2-58 所示。

(18) 右键单击模型树节点 Static Structural，选择 Insert→Fixed Support，添加一个固定约束，选择模型顶面作为固定约束面，如图 2-59 所示。

(19) 右键单击模型树节点 Solution，选择 Solve 进行计算。

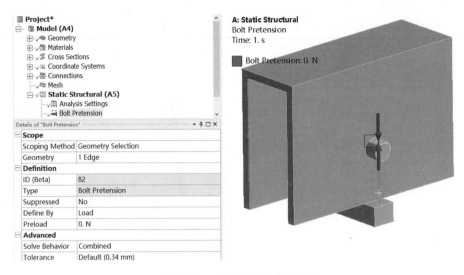

图 2-56 螺栓预紧力设置(1)

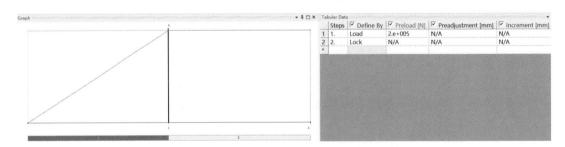

图 2-57 螺栓预紧力设置(2)

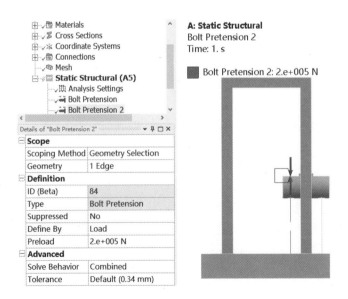

图 2-58 螺栓预紧力设置(3)

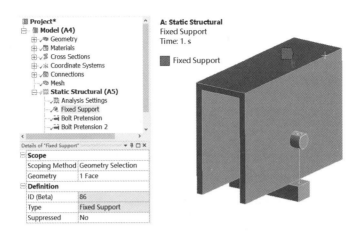

图 2-59　固定约束设定

(20) 右键单击模型树节点 Solution，选择 Insert→Total Deformation，插入模型的整体位移结果；右键单击模型树节点 Solution，选择 Insert→Equivalent Stress，插入模型的等效应力结果；右键单击模型树节点 Solution，选择 Insert→Beam Tool→Beam Tool，插入一个梁工具。右键单击 Total Deformation，选择 Evaluate All Results，得到模型的所有结果云图。模型整体位移云图如图 2-60 所示。

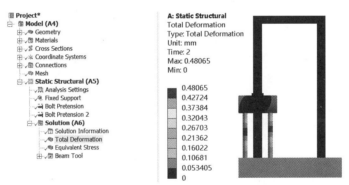

图 2-60　模型整体位移云图

模型等效应力云图如图 2-61 所示。

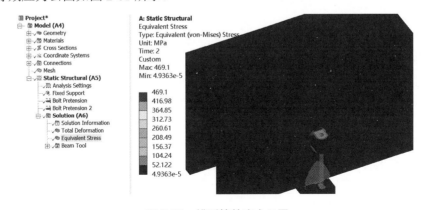

图 2-61　模型等效应力云图

通过梁工具的应用，可以看到梁单元的轴向应力，如图 2-62 所示；也可以看到梁单元的最大拉弯组合应力，如图 2-63 所示。

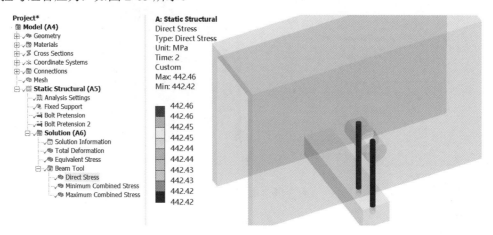

图 2-62　梁单元的轴向应力

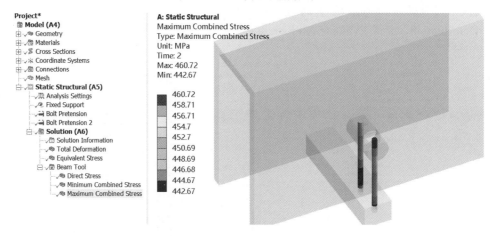

图 2-63　梁单元的最大拉弯组合应力

2.4　简体的对称简化分析

在进行结构有限元计算的过程中，常常会遇到计算量巨大的问题。特别是一些大型复杂设备，无论是整体模型还是其局部细节部分的计算，网格数量都是相当庞大的，这就导致了在进行有限元求解时，计算速度会明显变慢。虽然通过提升计算机硬件性能和增加软件对计算核心的支持数量可以在一定程度上提高计算效率，但在实际操作中，还需要根据具体的几何模型以及边界条件，判断是否可以对几何模型进行简化处理，这种简化模型的策略对于减少计算量和提高计算效率具有极大的帮助。

如果模型的结构本身具有对称性，同时其约束和外载荷也是对称分布的，那么就可以采用对称简化模型的方法。这种方法不仅可以提高计算效率，同时还有利于更加方便快捷地进行边界条件加载。

2.4.1　实例介绍

在本实例中，一个圆柱形的薄壁筒体在圆筒长度的中间处受到力 F 的挤压，需要计算力 F 的作用点在径向上的位移(见图 2-64)。由于薄壁圆筒的两端是自由边，所以可以将模型简化为一个八分之一的壳单元模型。这种简化模型的方法对于提高计算效率和加快模型边界条件的加载速度都起到了极大的作用。因此，根据几何模型和边界条件进行简化是减少计算量、提高计算效率的有效途径。

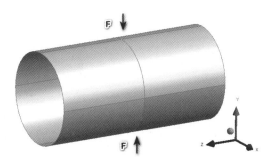

图 2-64　结构计算模型

2.4.2　分析流程

(1)　启动 ANSYS Workbench，加载 Static Structural(静态结构分析)模块。

(2)　右键单击 A3 单元格，选择 Import Geometry→Browse，弹出"文件选择"对话框，选择几何模型文件 ex4\ex4.stp。

(3)　双击 A4 单元格，进入静态结构分析模块。

(4)　模型为壳单元整体的八分之一，设定壳单元的厚度为 2 mm，模型使用默认材料，如图 2-65 所示。

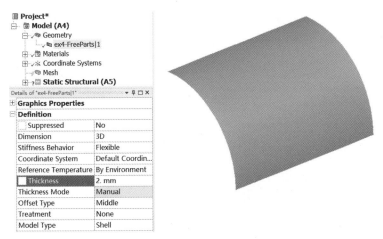

图 2-65　壳单元厚度设定

(5)　单击模型树节点 Mesh，在 Details of "Mesh"中设定模型单元的长度为 5 mm。

(6) 右键单击模型树节点 Mesh，选择 Generate Mesh 生成模型网格，如图 2-66 所示。

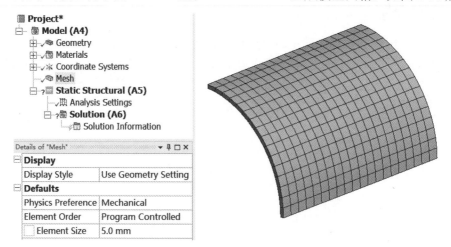

图 2-66　模型网格划分

(7) 右键单击模型树节点 Model，选择 Insert→Symmetry，插入一个对称工具。

(8) 右键单击模型树节点上插入的对称工具 Symmetry，选择 Insert→Symmetry Region。

(9) 由于使用了八分之一对称模型，所以模型一共有 3 个对称面。在 Details of "Symmetry Region"中选择模型的其中一条对称边，并设定该对称面的法向为全局坐标系的 X 轴，如图 2-67 所示。

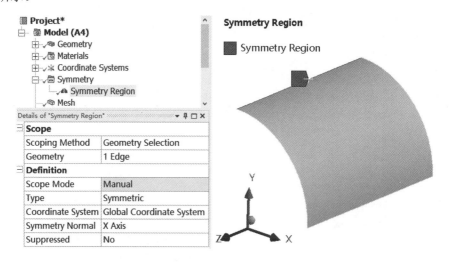

图 2-67　对称面法向 X 轴

(10) 使用同样的方法，新建两个 Symmetry Region，设定模型的另外两个对称面的法向分别为 Z 轴(见图 2-68)和 Y 轴(见图 2-69)。

(11) 右键单击模型树节点 Static Structural，选择 Insert→Force，在模型顶点加载一个竖直向下，沿 Y 轴负方向的 25 N 外载荷，整个模型的外载荷 F=100 N，由于使用了对称模型，外载荷为整体载荷的四分之一，如图 2-70 所示。

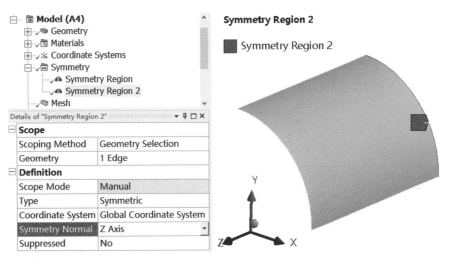

图 2-68　对称面法向 Z 轴

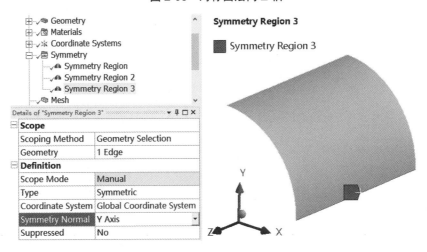

图 2-69　对称面法向 Y 轴

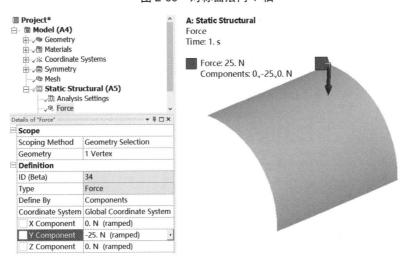

图 2-70　模型外载荷

(12) 右键单击模型树节点 Solution，选择 Solve 进行计算。

(13) 右键单击模型树节点 Solution，选择 Insert→Directional Deformation，插入模型的沿 Y 轴方向的变形结果。右键单击 Directional Deformation，选择 Evaluate All Results，得到模型沿 Y 轴方向，即竖直方向的变形量，最大为 0.037 701 mm，位于外载荷加载位置，如图 2-71 所示。

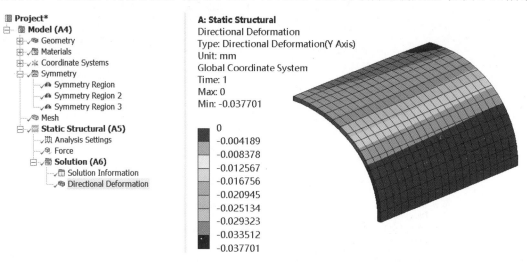

图 2-71　模型的 Y 轴方向变形

(14) 单击模型树节点 Symmetry，设置对称模型的扩展显示功能，如图 2-72 所示。

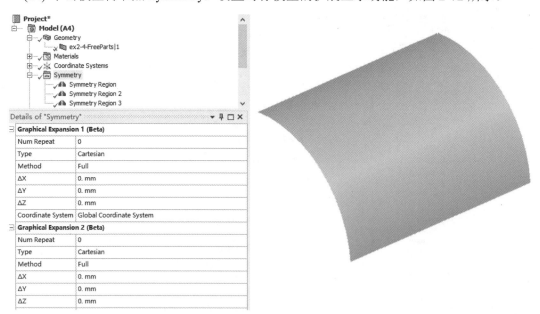

图 2-72　对称扩展显示

(15) 由于模型在 X、Y、Z 这 3 个方向上都对称，所以在 Detail of "Symmetry" 中的 Num Repeat 中均输入 2；在 Method 中选择 Half；分别在 ΔX、ΔY、ΔZ 中输入 0 mm，如图 2-73 所示，即可在后处理中对模型进行扩展显示，得到模型整体的结果，如图 2-74 所示。

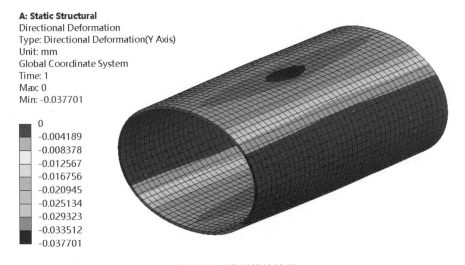

Details of "Symmetry"	▼ ⊣ □ ×
⊟ **Graphical Expansion 1 (Beta)**	
Num Repeat	2
Type	Cartesian
Method	Half
ΔX	1.e-002 mm
ΔY	0. mm
ΔZ	0. mm
Coordinate System	Global Coordinate System
⊟ **Graphical Expansion 2 (Beta)**	
Num Repeat	2
Type	Cartesian
Method	Half
ΔX	0. mm
ΔY	1.e-002 mm
ΔZ	0. mm
Coordinate System	Global Coordinate System
⊟ **Graphical Expansion 3 (Beta)**	
Num Repeat	2
Type	Cartesian
Method	Half
ΔX	0. mm
ΔY	0. mm
ΔZ	1.e-002 mm
Coordinate System	Global Coordinate System

图 2-73   对称扩展设置

A: Static Structural
Directional Deformation
Type: Directional Deformation(Y Axis)
Unit: mm
Global Coordinate System
Time: 1
Max: 0
Min: -0.037701

0
-0.004189
-0.008378
-0.012567
-0.016756
-0.020945
-0.025134
-0.029323
-0.033512
-0.037701

图 2-74   模型整体结果

(16) 如果单击模型树节点 Symmetry，没有发现对称模型的扩展显示功能，则可以在 ANSYS Workbench 平台的 Tools→Options→Appearance 中，选中 Beta Options 复选框，来激活对称模型的扩展显示功能，如图 2-75 所示。

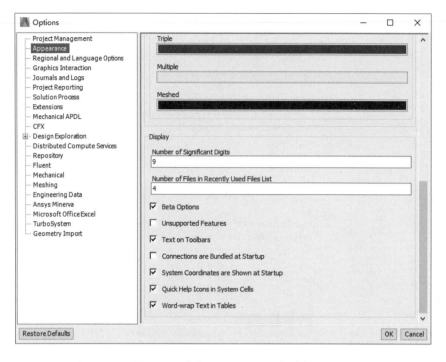

图 2-75　选中 Beta Options 复选框

2.4.3　后处理中节点结果的导出

在 2.4.2 小节中，完成了本实例的主要内容，即对称模型的应用。在本小节中，借用本实例模型，补充一个平时可能需要使用的功能，也就是如何将计算得到的模型节点的坐标与结果导出。当然，可以使用 APDL 命令流来完成这项工作，但这里将介绍一种更简单的方法。

(1)　延接 2.4.2 小节的内容，在模型后处理中，选择 File→Options。在 Export 中，将 Include Node Numbers 和 Include Node Location 都设置为 Yes，即输出节点的编号与节点的坐标，如图 2-76 所示。

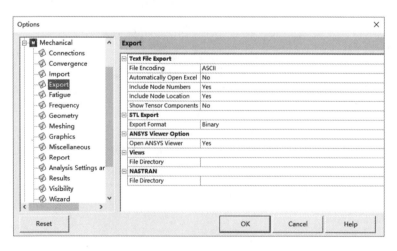

图 2-76　节点数据导出设置

（2）右键单击模型树节点 Directional Deformation，即我们后处理得到的模型在 X 轴方向的位移量数据，选择 Export→Export Text File，可以将模型在 X 轴方向的位移量数据导出为.txt 文件或者.xls 文件，如图 2-77 所示。

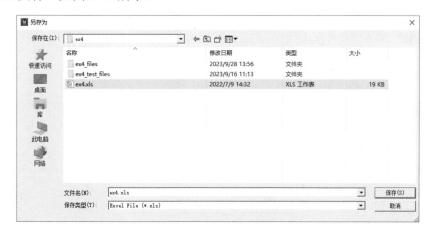

图 2-77　数据保存

（3）打开 ex4.xls 文件，即得到了所有节点的坐标与位移值，如图 2-78 所示(仅截取了部分节点的数据)，我们可以使用该数据进行进一步的数据处理工作。

Node Number	X Location (mm)	Y Location (mm)	Z Location (mm)	Directional Deformation (mm)
1	50	0	100	0
2	50	3.06E-15	0	0
3	50	1.53E-16	95	0
4	50	3.06E-16	90	0
5	50	4.59E-16	85	0
6	50	6.12E-16	80	0
7	50	7.65E-16	75	0
8	50	9.18E-16	70	0
9	50	1.07E-15	65	0
10	50	1.22E-15	60	0
11	50	1.38E-15	55	0
12	50	1.53E-15	50	0
13	50	1.68E-15	45	0
14	50	1.84E-15	40	0
15	50	1.99E-15	35	0
16	50	2.14E-15	30	0
17	50	2.30E-15	25	0
18	50	2.45E-15	20	0
19	50	2.60E-15	15	0
20	50	2.76E-15	10	0

图 2-78　模型节点坐标与位移数据

2.5　多载荷步分析

2.5.1　实例介绍

在本实例中，将运用一个方形悬臂梁模型来详细阐述在 ANSYS Workbench 中应用多载荷步加载的过程。

悬臂梁模型是一种经典的力学模型，它具有一个固定端和一个承受载荷的自由端。在第一个载荷步中，我们为悬臂梁的自由端施加一个外载荷 F，此时可以观察到模型的应力分布和位移变化情况。在第二个载荷步中，我们将外载荷设置为-F，也就是将外载荷的加载方向设定为第一个载荷步的反方向，我们将通过模型的计算，来验证在第二个载荷步计算结束后位移量是否为零。

这个实例可以让我们更好地去理解 ANSYS Workbench 对于这类多载荷步加载的处理方法与原理，在充分理解其意义的基础上，才能更好地将其应用于实际的工程项目中。

2.5.2 分析流程

(1) 启动 ANSYS Workbench，加载 Static Structural(静态结构分析)模块。

(2) 右键单击 A3 单元格，选择 Import Geometry→Browse，弹出"文件选择"对话框，选择几何模型文件 ex5\ex5.stp。

(3) 双击 A4 单元格，进入静态结构分析模块。

(4) 悬臂梁模型使用默认材料结构钢，如图 2-79 所示。

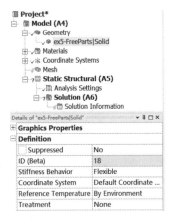
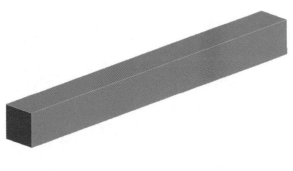

图 2-79　悬臂梁模型

(5) 单击模型树节点 Mesh，在 Details of "Mesh"中设定模型单元的长度为 4 mm。

(6) 右键单击模型树节点 Mesh，选择 Generate Mesh 生成模型网格，如图 2-80 所示。

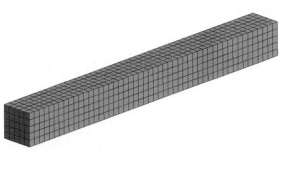

图 2-80　模型网格划分

(7) 右键单击模型树节点 Static Structural，选择 Insert→Fixed Support，添加一个固定约束，选择悬臂梁的一个端面作为固定约束面，如图 2-81 所示。

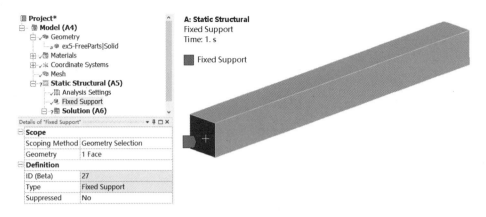

图 2-81　固定约束设定

(8)　单击模型树节点 Analysis Settings，在 Details of "Analysis Settings"中将 Number Of Steps 设定为 2，也就是使用两个载荷步进行计算，如图 2-82 所示。

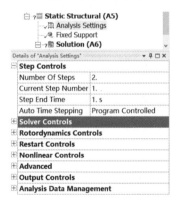

图 2-82　载荷步设置

(9)　右键单击模型树节点 Static Structural，选择 Insert→Force，添加一个外载荷。选择悬臂梁的另一个端面，加载一个竖直方向的外载荷 F=-1000 N，如图 2-83 所示。这个外载荷 F 在两个载荷步中都对悬臂梁产生影响，两个载荷步中的载荷都为-1000 N，如图 2-84 所示。

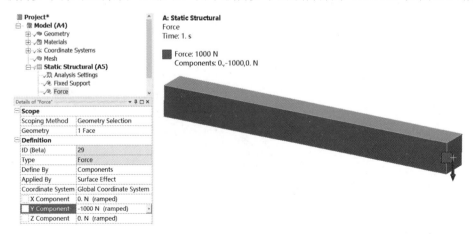

图 2-83　外载荷设定(1)

Tabular Data					
	Steps	Time [s]	☑ X [N]	☑ Y [N]	☑ Z [N]
1	1	0.	= 0.	= 0.	= 0.
2	1	1.	0.	-1000	0.
3	2	2.	= 0.	= -1000	= 0.
*					

图 2-84　载荷数据(1)

(10) 右键单击模型树节点 Static Structural，选择 Insert→Force，再添加一个外载荷，仍然选择悬臂梁的端面，加载一个竖直方向的外载荷 F=1000 N，如图 2-85 所示。该载荷只在第二个载荷步中对悬臂梁产生影响，如图 2-86 所示。

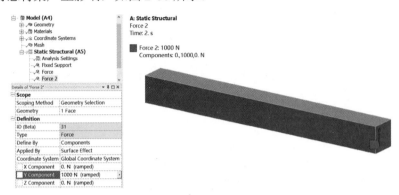

图 2-85　外载荷设定(2)

Tabular Data					
	Steps	Time [s]	☑ X [N]	☑ Y [N]	☑ Z [N]
1	1	0.	= 0.	= 0.	= 0.
2	1	1.	0.	0.	0.
3	2	2.	= 0.	1000	= 0.
*					

图 2-86　载荷数据(2)

(11) 右键单击模型树节点 Solution，选择 Solve 进行计算。

(12) 右键单击模型树节点 Solution，选择 Insert→Directional Deformation，插入模型在 Y 轴方向的变形结果，右键单击 Directional Deformation，选择 Evaluate All Results，得到模型沿 Y 轴方向，即竖直方向的变形量，为 0 mm。可见在第二个载荷步计算完之后，悬臂梁恢复到初始状态，即位移量为 0，如图 2-87 所示。

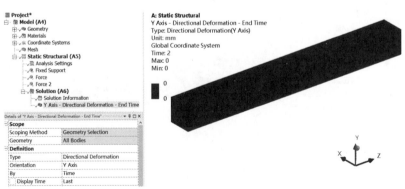

图 2-87　第二个载荷步的计算结果

(13) 右键单击模型树节点 Solution，选择 Insert→Directional Deformation，将 Display Time 设定为 1s，可以查看第一个载荷步的计算结果，在第一个载荷步中，悬臂梁产生了 1 mm 的竖向变形，如图 2-88 所示。

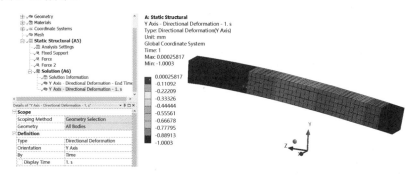

图 2-88　第一个载荷步的计算结果

2.6　子模型技术的应用

在有限元分析中，子模型技术是一种精细且高效的方法，它通过将用户关心的区域从整体模型中切割出来，对该区域进行更密集的网格划分，同时能够精确地再现模型的各个细节尺寸，包括局部的倒角、圆角特征等。这种技术通过对模型进行精细化的处理，能够更准确地模拟实际情况。

在进行子模型切割时，需要将切割的边界选择在子模型与整体模型分割开的边界面上。这种选择需要确保子模型的切割面与整体模型应力集中区域的距离足够远，以保证子模型计算结果的准确性和可靠性。同时，在将整体模型的位移解传递到切割边界并将其作为子模型的边界条件进行加载时，还需要注意子模型内部的载荷需要单独施加，以保证子模型计算的正确性和精确性。

2.6.1　实例介绍

在本实例中，以一个支架模型为例(见图 2-89)，首先使用整体计算的方式对支架进行一次全面的结构计算，然后根据需要，将支架模型的局部区域切割出来，对该区域进行网格加密处理，保证计算结果的精度。同时，将整体计算的结果导入作为切割面的边界条件，这样就可以针对局部关心的区域进行子模型的计算了。通过这种方式，我们可以更快地得到更精确的计算结果，从而更好地指导实际应用。

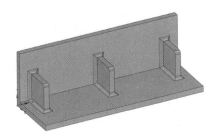

图 2-89　支架的几何模型

2.6.2　分析流程

(1) 启动 ANSYS Workbench，加载 Static Structural(静态结构分析)模块。

(2) 右键单击 A3 单元格，选择 Import Geometry→Browse，弹出"文件选择"对话框，选择几何模型文件 ex6\ex6.stp。

(3) 双击 A4 单元格，进入静态结构分析模块。

(4) 支架模型使用默认材料结构钢，如图 2-90 所示。

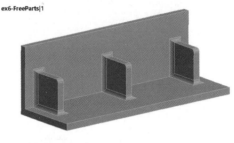

图 2-90　支架模型

(5) 单击模型树节点 Mesh，在 Details of "Mesh"中设定模型单元的长度为 10 mm。

(6) 右键单击模型树节点 Mesh，选择 Generate Mesh，生成模型网格，如图 2-91 所示。

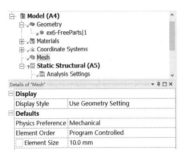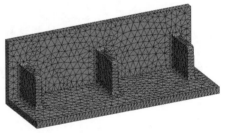

图 2-91　模型网格划分

(7) 右键单击模型树节点 Static Structural，选择 Insert→Fixed Support，添加一个固定约束，选择支架的外表面作为固定约束面，如图 2-92 所示。

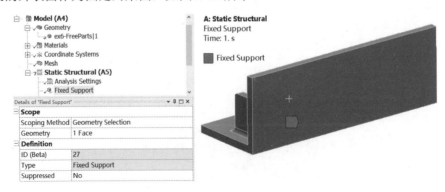

图 2-92　固定约束设定

（8）右键单击模型树节点 Static Structural，选择 Insert→Pressure，添加一个压力载荷，选择支架的底面，加载一个压力载荷 P=−0.2 MPa，如图 2-93 所示。

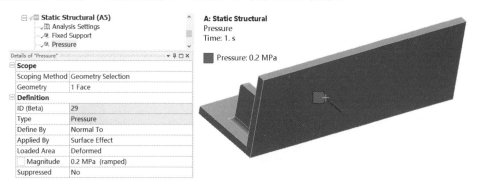

图 2-93　压力载荷设定

（9）右键单击模型树节点 Solution，选择 Solve 进行计算。

（10）右键单击模型树节点 Solution，选择 Insert→Equivalent Stress，插入模型的等效应力结果；右键单击模型树节点 Solution，选择 Insert→Total Deformation，插入模型的整体位移结果。右键单击 Equivalent Stress，选择 Evaluate All Results，得到模型的等效应力云图，如图 2-94 所示，最大等效应力位于中间筋板位置。模型的位移云图如图 2-95 所示。

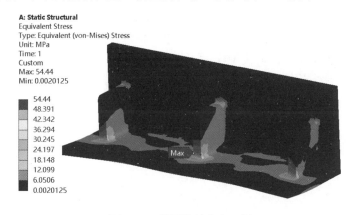

图 2-94　模型等效应力云图

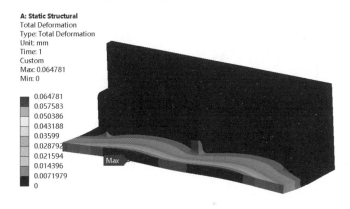

图 2-95　模型位移云图

(11) 在对支架进行整体计算之后，可以将其中间筋板位置切割出来，进行局部的计算。在 ANSYS Workbench 中加载一个 Geometry 模块，右键单击 B2 单元格，选择 Import Geometry→Browse，弹出"文件选择"对话框，选择几何模型文件 ex6\ex6_submodel.stp，如图 2-96 所示。双击 B2 单元格，进入 SpaceClaim，检查已经切割完的支架局部几何模型，如图 2-97 所示。

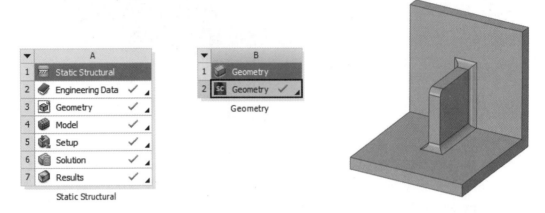

图 2-96　加载 Geometry 模块　　　　　　图 2-97　切割后的支架局部几何模型

(12) 在 ANSYS Workbench 中继续加载一个 Static Structural 静态结构分析模块，并将其与 Geometry 进行连接，也就是将 B2 单元格与 C3 单元格进行连接。静态结构分析模块需要使用刚才导入的切割后的支架局部几何模型作为子模型。还需要将之前已经完成的整体计算中的结果导入到目前用于子模型计算的静态结构分析模块中，也就是将 A6 单元格与 C5 单元格进行连接，如图 2-98 所示。

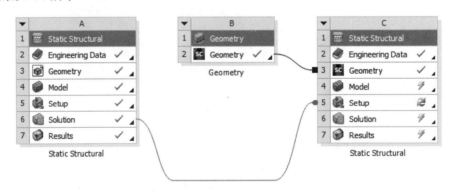

图 2-98　加载新的静态结构分析模块

(13) 双击 C5 单元格，进入静态结构分析模块。

(14) 单击模型树节点 Mesh，在 Details of "Mesh"中设定模型单元的长度为 2 mm，对局部模型进行网格加密。

(15) 右键单击模型树节点 Mesh，选择 Generate Mesh，生成模型网格，如图 2-99 所示。

(16) 右键单击模型树节点 Submodeling，选择 Insert→Imported Cut Boundary Constraint，插入一个切割边界条件，如图 2-100 所示。

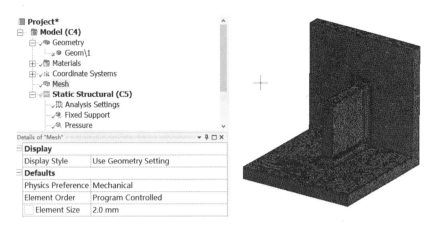

图 2-99　生成网格

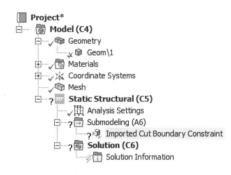

图 2-100　插入切割边界条件

(17) 单击模型树节点 Imported Cut Boundary Constraint，在 Details of "Imported Cut Boundary Constraint" 中，Geometry 选择模型的两个切割面，如图 2-101 所示。

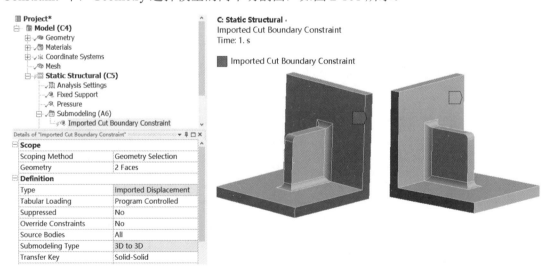

图 2-101　切割边界设置

(18) 右键单击模型树节点 Imported Cut Boundary Constraint，选择 Import Load，将切割边界的边界条件导入进来，如图 2-102 所示。

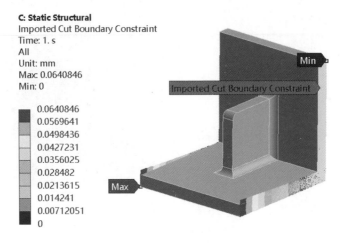

图 2-102　边界条件导入

(19) 需要给子模型设定约束和载荷，右键单击模型树节点 Static Structural，选择 Insert→Fixed Support，添加一个固定约束，选择支架的外表面作为固定约束面，如图 2-103 所示。

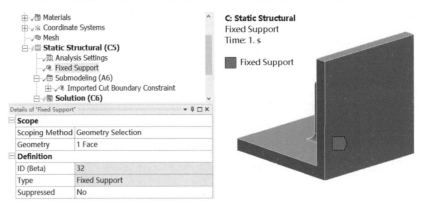

图 2-103　固定约束设定

(20) 右键单击模型树节点 Static Structural，选择 Insert→Pressure，添加一个压力载荷，选择支架的底面，加载一个压力载荷 P=-0.2 MPa，如图 2-104 所示。

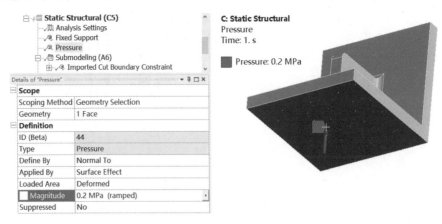

图 2-104　压力载荷设定

(21) 右键单击模型树节点 Solution，选择 Solve 进行计算。

(22) 右键单击模型节点 Solution，选择 Insert→Equivalent Stress，插入模型的等效应力结果；右键单击模型节点 Solution，选择 Insert→Total Deformation，插入模型的整体位移结果。右键单击 Equivalent Stress，选择 Evaluate All Results，得到子模型的等效应力云图，如图 2-105 所示，子模型的位移云图如图 2-106 所示。

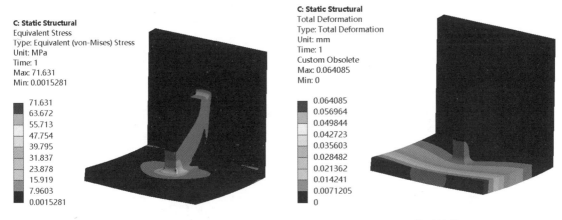

图 2-105　子模型等效应力云图　　　　　　图 2-106　子模型位移云图

2.7　结构的过盈配合分析

过盈配合是一种常见的装配方式，也是机械结构领域中一项关键的技术。因此，过盈配合问题在结构计算中备受关注。

2.7.1　实例介绍

本实例的几何模型如图 2-107 所示，它由两个零件装配组成，二者之间存在的过盈量使它们紧密地结合在一起，这个模型的计算和分析是借助 ANSYS Workbench 的静态结构分析模块来完成的。

在这个过程中，我们使用了直接接触和接触处理两种方法来对过盈配合进行计算。直接接触方法是通过有限元方法直接模拟接触体的接触和相互作用，而接触处理是通过在接触区域引入一个小的虚拟层来模拟接触效应。

图 2-107　过盈配合计算几何模型

通过这两种方法的运用，我们可以更准确地模拟和预测过盈配合的性能和行为。例如，我们可以预测装配过程中可能出现的残余应力、变形以及疲劳寿命等问题。这些对于优化过盈配合的设计、提高机械和结构的性能以及延长其使用寿命都是非常重要的。

2.7.2　直接接触法

我们首先使用直接接触法来处理过盈配合的问题。

(1) 启动 ANSYS Workbench，加载 Static Structural(静态结构分析)模块。

(2) 右键单击 A3 单元格，选择 Import Geometry→Browse，弹出"文件选择"对话框，选择几何模型文件"ex7\ex7_直接接触.stp"。

(3) 双击 A3 单元格，进入 SpaceClaim，首先检查几何模型。由于使用直接接触法进行处理，则在几何模型装配处理时，直接以两个零件干涉的方式设置了 1 mm 的过盈量，如图 2-108 所示。

图 2-108　模型初始干涉

(4) 退出 SpaceClaim，双击 A4 单元格，进入静态结构分析模块。

(5) 本案例的模型使用默认材料，右键单击模型树节点 Connections，选择 Insert→Manual Contact Region，新建一个接触对，设置接触类型为 Frictionless，Target 选择右侧零件的一个接触面，如图 2-109 所示。

图 2-109　目标面设置

(6) Contact 选择左侧零件的一个接触面，如图 2-110 所示。

(7) 单击模型树节点 Mesh，在 Details of "Mesh"中设定模型单元的长度为 4 mm。

(8) 右键单击模型树节点 Mesh，选择 Generate Mesh，生成模型网格，如图 2-111 所示。

(9) 右键单击模型树节点 Static Structural，选择 Insert→Fixed Support，添加一个固定约束，

选择左侧零件的外部端面作为固定约束面，如图 2-112 所示。

图 2-110　接触面设置

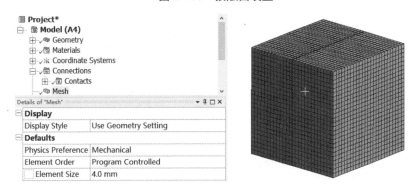

图 2-111　模型网格划分

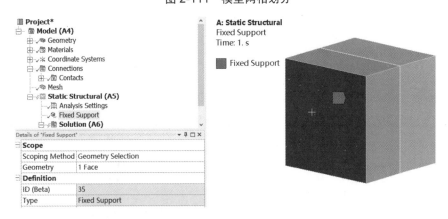

图 2-112　左侧固定约束设定

(10) 右键单击模型树节点 Static Structural，选择 Insert→Fixed Support，再添加一个固定约束，选择右侧零件的外部端面作为固定约束面，如图 2-113 所示。

(11) 右键单击模型树节点 Static Structural 下的 Solution，选择 Solve 进行计算。

(12) 右键单击模型树节点 Solution，选择 Insert→Deformation→Directional，需要查看左侧零件沿 Z 轴方向的变形，在 Details of "Z Axis Directional Deformation"中选择左侧零件作为

Geometry 对象，设定其方向为 Z 轴方向，如图 2-114 所示。

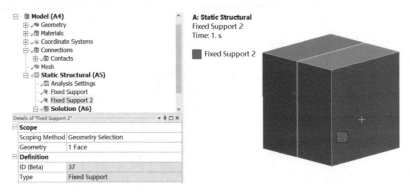

图 2-113　右侧固定约束设定

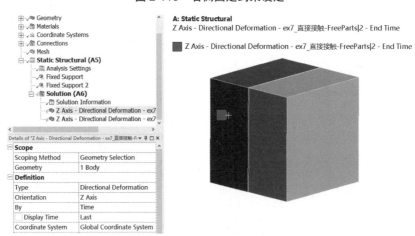

图 2-114　左侧零件后处理设置

(13) 同样的方法，右键单击模型树节点 Solution，选择 Insert→Deformation→Directional，在 Details of "Z Axis Directional Deformation" 中选择右侧零件作为 Geometry 对象，也设定其方向为 Z 轴方向，如图 2-115 所示。

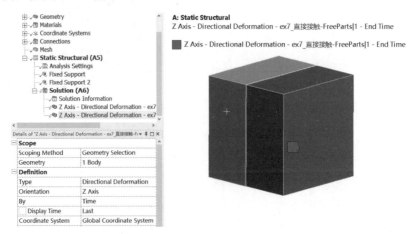

图 2-115　右侧零件后处理设置

(14) 分别右键单击模型树节点 Directional Deformation 与 Directional Deformation 2，选择 Evaluate All Results，得到左侧零件在 Z 轴方向的变形云图(见图 2-116)和右侧零件在 Z 轴方向的变形云图(见图 2-117)。两个零件的变形就是由过盈量引起的，二者的变形量之和接近 1 mm，这与初始的干涉量也就是过盈量是相吻合的。

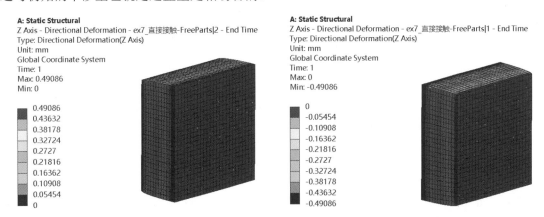

图 2-116　左侧零件 Z 轴方向变形云图　　　　图 2-117　右侧零件 Z 轴方向变形云图

(15) 查看两个零件整体的变形情况，两个零件由于过盈，接触面都承受挤压，如图 2-118 所示。

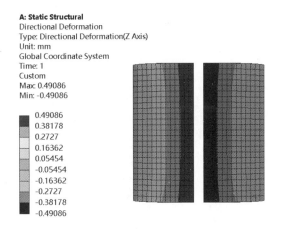

图 2-118　整体模型 Z 轴方向变形

2.7.3　接触处理法

直接接触法需要在建模时就考虑过盈量，以干涉的方式来处理装配模型。当然，也可以在建模时不考虑过盈量，这就需要使用接触处理法。

(1) 继续在 ANSYS Workbench 中加载一个 Static Structural(静态结构分析)模块。

(2) 右键单击 B3 单元格，选择 Import Geometry→Browse，弹出"文件选择"对话框，选择几何模型文件"ex7\ex7_接触处理.stp"。

(3) 双击 B3 单元格，进入 SpaceClaim，首先检查几何模型。这个装配模型中没有考虑初始的过盈量，如图 2-119 所示。

图 2-119　模型不考虑初始干涉

(4) 退出 SpaceClaim，双击 B4 单元格，进入静态结构分析模块。

(5) 本案例的模型使用默认材料，右键单击模型树节点 Connections，选择 Insert→Manual Contact Region，新建一个接触对，设置接触类型为 Frictionless，Target 选择右侧零件的一个接触面，Contact 选择左侧零件的一个接触面，如图 2-120 所示。

图 2-120　接触对设置

(6) 在 Details of "Frictionless..."中，设定 Offset 为 1 mm，也就是这个接触对的过盈量为 1 mm，如图 2-121 所示。

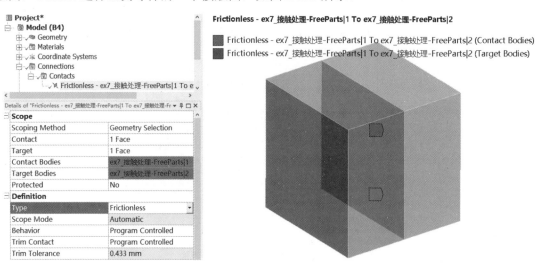

图 2-121　接触对过盈量设置

(7)　单击模型树节点 Mesh，在 Details of "Mesh"中设定模型单元的长度为 4 mm。

(8)　右键单击模型树节点 Mesh，选择 Generate Mesh，生成模型网格，如图 2-122 所示。

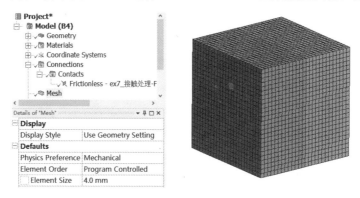

图 2-122　模型网格划分

(9)　右键单击模型树节点 Static Structural，选择 Insert→Fixed Support，添加一个固定约束，选择左侧零件的外部端面作为约束面，如图 2-123 所示。

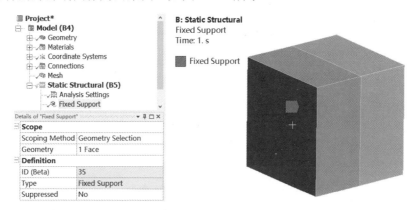

图 2-123　左侧固定约束设定

(10)　右键单击模型树节点 Static Structural，选择 Insert→Fixed Support，再添加一个固定约束，选择右侧零件的外部端面作为约束面，如图 2-124 所示。

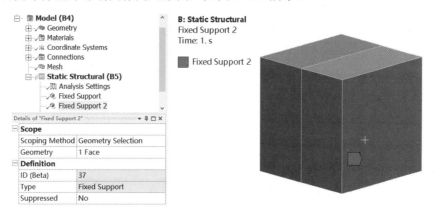

图 2-124　右侧固定约束设定

(11) 右键单击模型树节点 Static Structural 下的 Solution，选择 Solve 进行计算。

(12) 右键单击模型树节点 Solution，选择 Insert→Deformation→Directional，需要查看左侧零件沿 Z 轴方向的变形，在 Details of "Directional Deformation" 中选择左侧零件作为 Geometry 对象，设定其方向为 Z 轴方向，如图 2-125 所示。

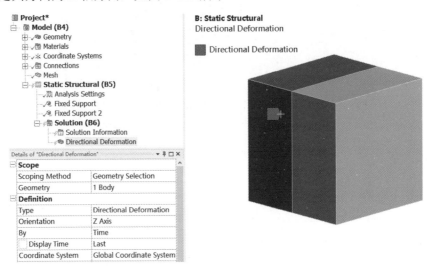

图 2-125　左侧零件后处理设置

(13) 同样的方法，右键单击模型树节点 Solution，选择 Insert→Deformation→Directional，在 Details of "Directional Deformation"中选择右侧零件作为 Geometry 对象，也设定其方向为 Z 轴方向，如图 2-126 所示。

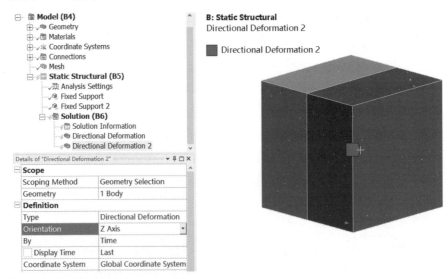

图 2-126　右侧零件后处理设置

(14) 分别右键单击模型树节点 Directional Deformation 与 Directional Deformation 2，选择 Evaluate All Results，得到左侧零件在 Z 轴方向的变形云图(见图 2-127)和右侧零件在 Z 轴方向的变形云图(见图 2-128)。两个零件的变形也是由过盈量引起的，二者的变形量之和同样接近

1 mm，这与初始的干涉量也就是过盈量是相吻合的。

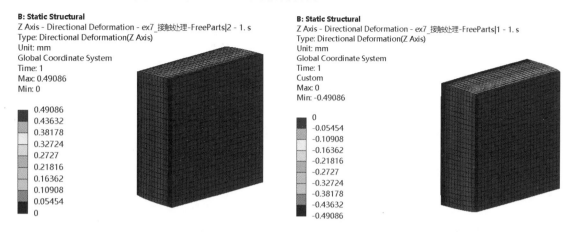

<table>
<tr><td>

图 2-127　左侧零件 Z 轴方向变形云图

</td><td>

图 2-128　右侧零件 Z 轴方向变形云图

</td></tr>
</table>

　　将这个结果与使用直接接触法得到的结果相比较，会发现结果是相同的。在实际的工程应用中，到底选择何种方法进行过盈配合的计算，还需要从模型的具体结构、加载方式的难易程度、计算量的大小等方面进行考虑。

第 3 章　结构瞬态计算

3.1　结构瞬态传热分析

在进行结构稳态热固耦合分析时，我们可以使用 ANSYS Workbench 的静态结构分析模块与稳态热分析模块。如果我们想了解一个在动态传热过程中的结构的温度是如何变化的，同时也想了解其热应力及热膨胀分布的情况，那么就可以考虑使用 ANSYS Workbench 的瞬态热分析模块与静态结构分析模块来解决这个问题。

3.1.1　实例介绍

在本实例中使用的是一个管状零件，零件模型如图 3-1 所示。通过使用这个零件，我们可以在 100 s 的时间内模拟这个结构的温度分布及变化过程。考虑到这个零件在工作过程中可能受到的实际约束，我们还需要计算其在热应力影响下的热膨胀和热变形分布情况。

通过这个实例，我们可以更好地掌握结构的瞬态行为。在实际操作过程中，我们需要充分考虑结构的热膨胀系数、比热容等物理属性，以及边界条件和初始条件等因素。这样，我们就能更好地理解在实际工作环境中，这个零件在动态条件下所面临的情况，这个分析结果将为我们的设计和优化提供有力的支持。

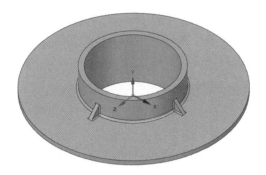

图 3-1　管状零件模型

3.1.2　瞬态温度场分析

(1)　启动 ANSYS Workbench，加载 Transient Thermal(瞬态热分析)模块。

(2)　右键单击 A3 单元格，选择 Import Geometry→Browse，弹出"文件选择"对话框，选择几何模型文件 ex8\ex8.stp。

(3)　双击 A4 单元格，进入(瞬态热分析)模块。模型使用默认材料结构钢，如图 3-2 所示。

(4)　单击模型树节点 Mesh，在 Details of "Mesh"中设定模型单元的长度为 5 mm。

(5)　右键单击模型树节点 Mesh，选择 Generate Mesh 生成模型网格，如图 3-3 所示。

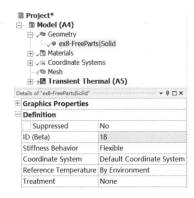
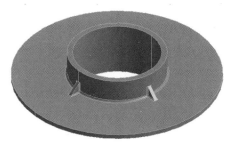

图 3-2　瞬态热分析模型

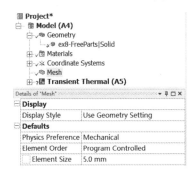

图 3-3　模型网格划分

(6)　单击模型树节点 Analysis Settings，在 Details of "Analysis Settings"中，设定 Number Of Steps 为 2，即共有两个载荷步。在 Tabular Data 中，先设定第 2 个载荷步的结束时间为 100 s，再设定第 1 个载荷步的结束时间为 5s，如图 3-4 所示。

(7)　单击模型树节点 Analysis Settings，在 Details of "Analysis Settings"中，设定第 1 个载荷步的 Auto Time Stepping 为 Off，Define By 为 Substeps，Number Of Substeps 为 10，即每个时间步有 10 个子步，如图 3-5 所示。

图 3-4　载荷步时间设置

图 3-5　载荷步 1 设置

（8）在 Details of "Analysis Settings"中，设定第 2 个载荷步的 Auto Time Stepping 为 Off，Define By 为 Substeps，Number Of Substeps 为 10，即每个时间步有 10 个子步，如图 3-6 所示。

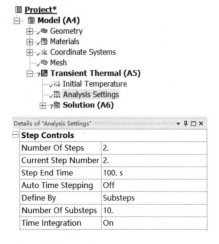

图 3-6　载荷步 2 设置

（9）右键单击模型树节点 Transient Thermal，选择 Insert→Convection，添加一个对流换热边界条件 Convection，选择管内表面，设定对流换热系数为 100 W/m²℃，温度为 400 ℃，如图 3-7 所示。

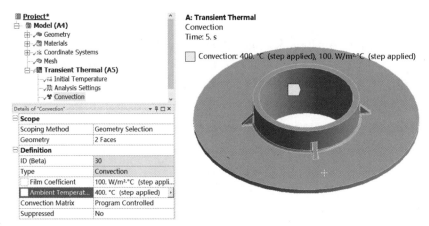

图 3-7　管内表面对流换热设置

（10）单击模型树节点 Convection，在 Tabular Data 中定义这个对流换热边界在每个时间步中的对流换热系数与温度值，如图 3-8 所示。

	Steps	Time [s]	☑ Convection Coefficient [W/m².℃]	☑ Temperature [℃]
1	1	0.	0.	0.
2	1	5.	100.	400.
3	2	100.	= 100.	= 400.
*				

图 3-8　管内表面对流换热各时间步的参数设置

（11）右键单击模型树节点 Transient Thermal，选择 Insert→Convection，继续添加一个对流

换热边界条件 Convection 2，选择结构外表面，设定对流换热系数为 1000 W/m²℃，温度为 22 ℃，如图 3-9 所示。

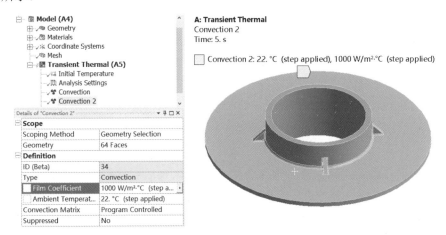

图 3-9　外部表面对流换热设置

(12) 单击模型树节点 Convection 2，在 Tabular Data 中定义这个对流换热边界在每个时间步中的对流换热系数与温度值，如图 3-10 所示。

	Steps	Time [s]	☑ Convection Coefficient [W/m²·°C]	☑ Temperature [°C]
1	1	0.	0.	0.
2	1	5.	1000	22.
3	2	100.	= 1000	= 22.
*				

图 3-10　外部表面对流换热各时间步的参数设置

(13) 右键单击模型树节点 Solution，选择 Solve 进行计算。

(14) 右键单击模型树节点 Solution，选择 Insert→Temperature，插入整体模型的温度结果。右键单击 Temperature，选择 Evaluate All Results，得到瞬态计算最后一个时间步的温度云图，如图 3-11 所示。

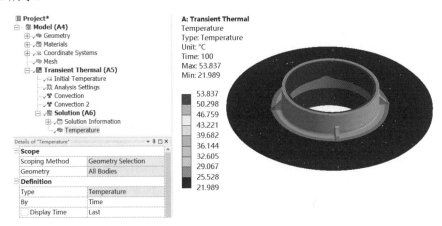

图 3-11　模型温度云图

(15) 从 Tabular Data 中可以看到，在 100 s 的时间内，不同的时间步，模型的温度值不断变化，如图 3-12 所示。

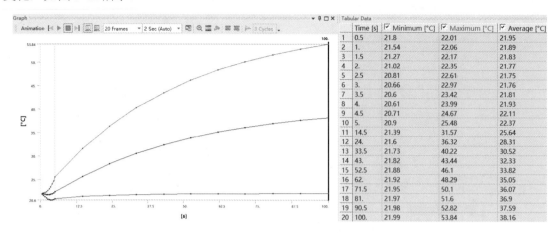

图 3-12　瞬态传热计算结果

3.1.3　瞬态热应力与热变形分析

通过瞬态传热计算，得到了结构在 100 s 时间内的温度变化情况，而结构在工作过程中，必然存在约束条件，由于温度的存在及变化，结构就会产生热应力与热变形，可以将当前计算得到的瞬态温度场作为热边界条件，应用于瞬态热应力与瞬态热变形的计算中。

(1)　在 ANSYS Workbench 中，加载一个 Transient Structural(瞬态结构分析)模块，将其拖入 3.1.2 小节瞬态热分析模块的 A6 单元格内，如图 3-13 所示。

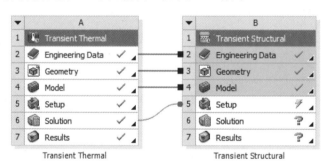

图 3-13　加载瞬态结构分析模块

(2)　单击 B5 单元格，进入瞬态结构分析模块。

(3)　单击 Transient 中的 Analysis Settings，定义瞬态结构计算的载荷步信息。在 Details of "Analysis Settings"中，设定 Number Of Steps 为 2，即共有两个载荷步。在 Tabular Data 中，先设置第 2 个载荷步的结束时间为 100 s，再设置第 1 个载荷步的结束时间为 5 s，如图 3-14 所示。

(4)　单击模型树节点 Analysis Settings，在 Details of "Analysis Settings"中，设定第 1 个载荷步的 Auto Time Stepping 为 Off，Define By 为 Substeps，Number Of Substeps 为 10，即每个时间步有 10 个子步，如图 3-15 所示。

(5)　在 Details of "Analysis Settings"中，设定第 2 个载荷步的 Auto Time Stepping 为 Off，Define By 为 Substeps，Number Of Substeps 为 10，即每个时间步有 10 个子步，如图 3-16 所示。

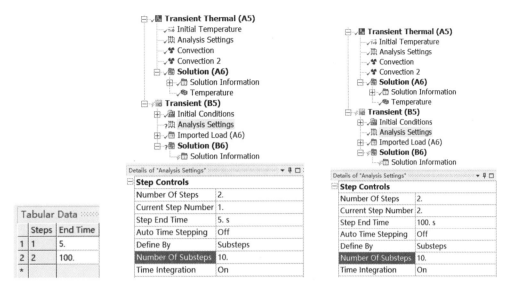

图 3-14　载荷步时间设置　　　图 3-15　载荷步 1 设置　　　图 3-16　载荷步 2 设置

（6）打开模型树节点 Imported Load，单击 Imported Body Temperature，在 Details of "Imported Body Temperature" 中，设定 Source Time 的类型为 All，即导入所有温度值，如图 3-17 所示。

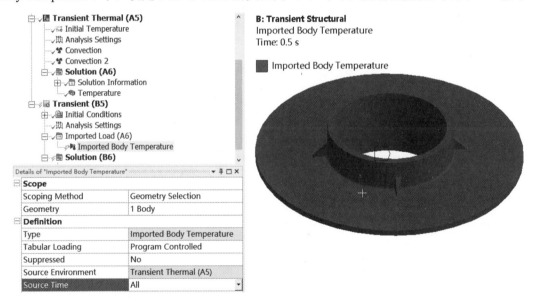

图 3-17　外部温度导入

（7）然后就可以在数据表中看到导入的温度值了，如图 3-18 所示。

（8）右键单击 Imported Body Temperature，选择 Import Load，实现温度场的导入，导入的第 0.5 s 时的温度场如图 3-19 所示。通过调整 Details of "Imported Body Temperature" 详情中的 Active Row，可以查看导入的任意时间步的温度场。

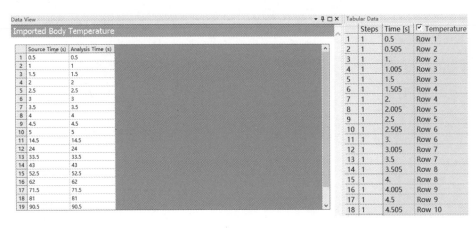

图 3-18　导入的温度数据

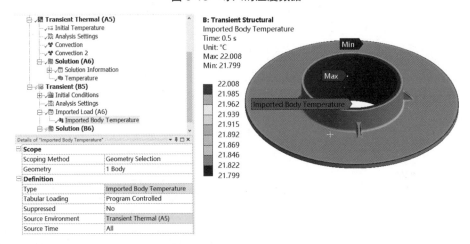

图 3-19　导入的温度场

(9) 右键单击模型树节点 Transient，选择 Insert→Frictionless Support，添加一个无摩擦约束，选择结构的上表面作为约束面，如图 3-20 所示。

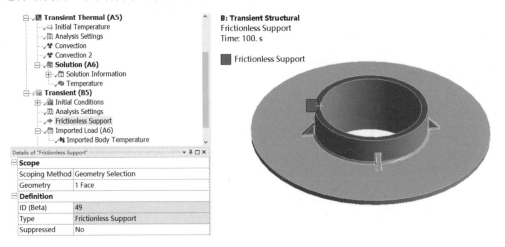

图 3-20　无摩擦约束设定

(10) 右键单击模型树节点 Transient，选择 Insert→Pressure，添加一个压力载荷，选择结构的内表面，在 Tabular Data 中，设定在 100 s 时，压力为 5 MPa，即在 0～5 s，没有压力载荷，从 5 s 开始，压力载荷线性提升，一直到 100 s 时的 5 MPa，如图 3-21 所示。

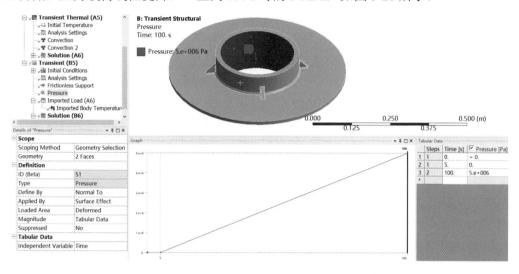

图 3-21　压力载荷设定

(11) 右键单击模型树节点 Transient，选择 Insert→Remote Displacement，添加一个远程位移约束，选择结构的下表面作为约束面，同时约束其三个方向的位移自由度及两个方向的转动自由度，如图 3-22 所示。

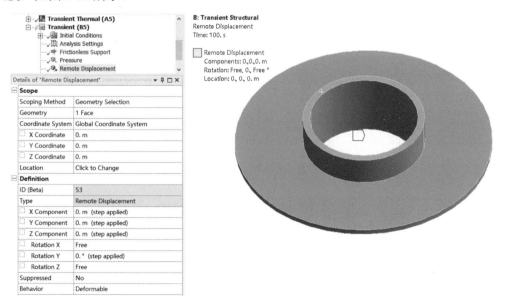

图 3-22　远程位移约束设定

(12) 右键单击模型树节点 Solution，选择 Solve 进行计算。

(13) 计算完成后，右键单击模型树节点 Solution，选择 Insert→Equivalent Stress，插入模型的热应力结果。右键单击模型树节点 Solution，选择 Insert→Total Deformation，插入模型的热变形结果。分别右键单击 Equivalent Stress 与 Total Deformation，选择 Evaluate All Results，得到各个时间步的结果云图，100 s 时的热应力云图如图 3-23 所示，100 s 时的热变形云图如图 3-24 所示。

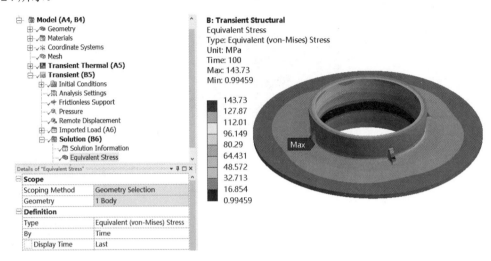

图 3-23　结构在 100 s 时的热应力云图

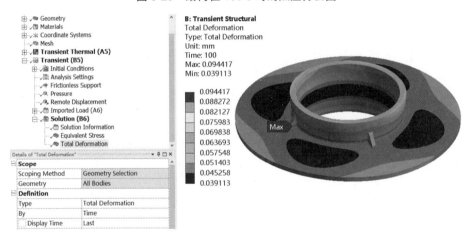

图 3-24　结构在 100 s 时的热变形云图

3.2　旋转副与摩擦接触综合应用

在 ANSYS Workbench 中，摩擦接触和旋转副的设置是非常重要的，为了准确地模拟这些运动副的行为，需要进行参数设置和调整，包括摩擦系数、接触刚度等，这些参数的设置将直接影响模拟结果的准确性和可靠性。

3.2.1　实例介绍

在实际工程应用中，非线性与运动副的接触问题是非常常见的。为了更好地理解这些问题，我们将通过一个传送装置模型来介绍摩擦接触与旋转副在 ANSYS Workbench 中的使用方法。

该传送装置模型主要由两个辊子模型和一个钢带模型组成，如图 3-25 所示，其中一个辊子施加主动旋转副。

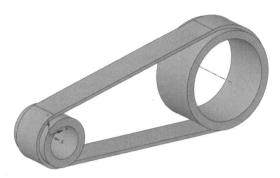

图 3-25　传送装置模型

这个传送装置模型可以应用于各种生产线和设备中，如输送带、包装机等。通过对其摩擦接触和旋转副的研究和应用，我们可以更好地理解并解决这些装置在使用过程中可能遇到的各种问题。

通过对这个传送装置模型分析，我们可以深入探讨摩擦接触与旋转副在 ANSYS Workbench 中的使用方法。首先需要对模型进行正确的建模和装配；然后定义接触和旋转副，并进行约束和载荷的施加；最后，通过 ANSYS Workbench 的求解器求解模型的响应和运动状态，进而对模型进行评估和分析，解决实际问题。

3.2.2　分析流程

(1) 启动 ANSYS Workbench，加载 Transient Structural(瞬态结构分析)模块。

(2) 右键单击 A3 单元格，选择 Import Geometry→Browse，弹出"文件选择"对话框，选择几何模型文件 ex9\ex9.stp。

(3) 双击 A4 单元格，进入瞬态结构分析模块。

(4) 钢带模型使用默认材料结构钢，两个辊子模型使用刚体进行简化处理，如图 3-26 所示。

图 3-26　模型材料设置

(5) 在模型树节点 Connections→Contacts 中已经自动生成了两个接触对，选中第一个接触对(Contact Region)，在 Details of "Frictional…"中，选择小辊的表面为目标面，选择钢带的内表面为接触面，在这个过程中，可以通过隐藏辊子来选取钢带所有的内表面，设置接触类型为 Frictional，即摩擦接触方式，设置摩擦系数为 0.3，如图 3-27 所示。

图 3-27　小辊摩擦接触设置

(6) 使用同样的方法，设置大辊与钢带的摩擦接触，摩擦系数也为 0.3。

(7) 右键单击模型树节点 Connections，选择 Insert→Joint，插入一个运动副，如图 3-28 所示。

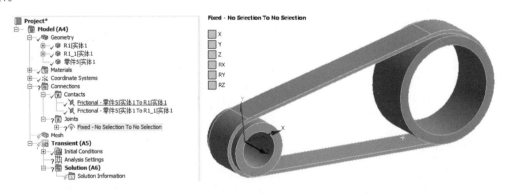

图 3-28　插入运动副

(8) 选中 Details of Fixed - No Selection To No Selection，将 Connection Type 设定为 Body-Ground，Type 设定为 Revolute，即旋转副，在 Scope 中选择小辊的内孔面，实现辊子绕 Z 轴旋转，如图 3-29 所示。

(9) 使用同样的方法，给右侧大辊的内孔面设定一个旋转副，如图 3-30 所示。

(10) 右键单击模型树节点 Mesh，选择 Generate Mesh，生成模型网格，如图 3-31 所示。

(11) 单击模型树节点 Analysis Settings，在 Details of "Analysis Settings"中，设定 Number Of Steps 为 50，即共有 50 个载荷步，计算时间为 1 s，如图 3-32 所示。

(12) 在 Graph 中右键单击，选择 Select All Steps，如图 3-33 所示。

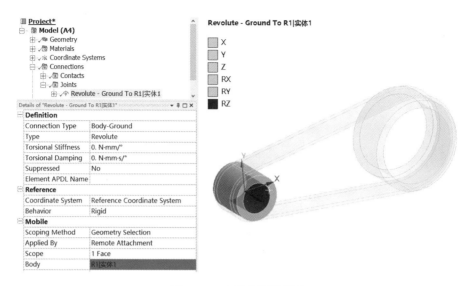

图 3-29　小辊旋转副设置

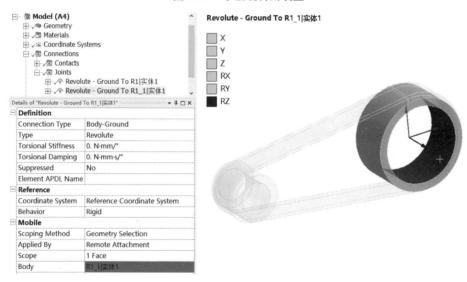

图 3-30　大辊旋转副设置

图 3-31　模型网格划分

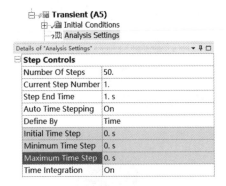

图 3-32　载荷步数量设置

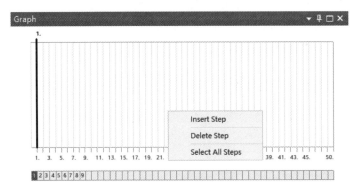

图 3-33　载荷步时间设置

(13) 在 Details of "Analysis Settings"中，设定 Initial Time Step 为 1 s，Minimum Time Step 为 1s，Maximum Time Step 为 1 s，如图 3-34 所示。

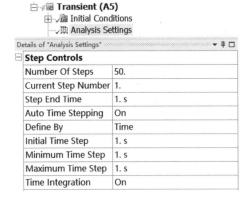

图 3-34　时间步设置

(14) 右键单击模型树节点 Transient，选择 Insert→Joint Load，为小辊的旋转副施加载荷，类型为 Rotation，即旋转载荷，时间从 0 s 到 50 s，旋转角度从 1°增加到 50°，可以先给第 50 个时间步设定旋转角度为 50°，如图 3-35 所示。

(15) 右键单击模型树节点 Solution，选择 Solve 进行计算。

(16) 右键单击模型树节点 Solution，选择 Insert→Deformation→Total Velocity，右键单击

Total Velocity，选择 Evaluate All Results，得到计算时间内的速度变化过程，如图 3-36 所示，当然也可以在后处理中查看接触面的状态、应力等结果。

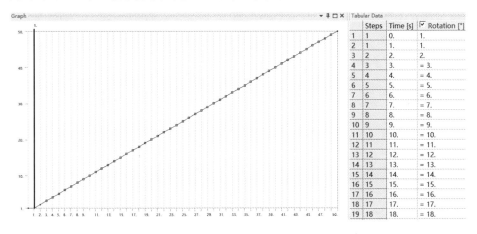

图 3-35　旋转角度设定

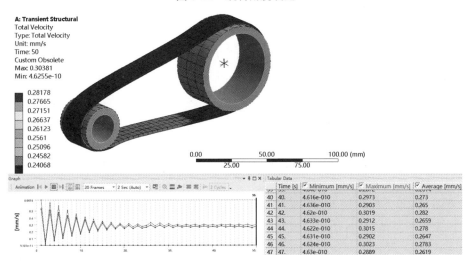

图 3-36　计算结果

3.3　机械手的刚柔耦合分析

在某些模型的简化过程中，刚性体与柔性体同时存在的情况非常常见。对于这类问题，我们往往更加关注柔性体的结构力学响应。为了处理这种问题，我们可以采用刚柔耦合分析的方法。

刚柔耦合分析是指在仿真分析中，同时考虑刚性体和柔性体的相互作用，从而得到更精确的结果。这种方法在处理复杂机械系统时非常有用，比如在机器人、航空航天、汽车等领域。

3.3.1　实例介绍

在本实例中，我们将通过一个简易的机械手模型来介绍如何在 ANSYS Workbench 中进行刚柔耦合分析，模型如图 3-27 所示。该模型由刚性部件和柔性部件组成，可以展示出刚性体和柔性体同时存在的情况。我们首先在 ANSYS Workbench 中设置好模型，然后通过选择相应的材料属性、定义接触、选择求解器等步骤，进行刚柔耦合仿真计算。我们可以通过刚柔耦合计算，得出结构在不同条件下的位移、应力、应变等结果，并分析其力学性能。

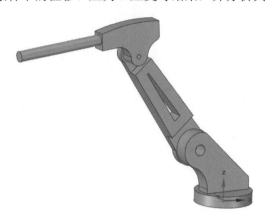

图 3-37 简易机械手模型

总之，通过在 ANSYS Workbench 中进行刚柔耦合分析，我们可以更准确地预测机械系统的性能，从而为优化设计提供有力的依据，这种方法在实际工程应用中具有广泛的应用前景，值得进一步研究和探讨。

3.3.2 分析流程

(1) 启动 ANSYS Workbench，加载 Transient Structural(瞬态结构分析)模块。

(2) 右键单击 A3 单元格，选择 Import Geometry→Browse，弹出"文件选择"对话框，选择几何模型文件 ex10\ex10.stp。

(3) 双击 A4 单元格，进入瞬态结构分析模块。

(4) 模型使用默认材料，在模型树节点 Geometry 中选中 Component1\part 1 与 Component1\part 2，在 Details of "Multiple Selection"中，将 Stiffness Behavior 设定为 Rigid，即将这两个 part 简化为刚性体，如图 3-38 所示。

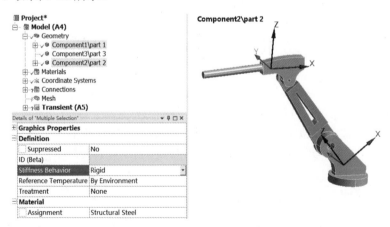

图 3-38 刚性体设置

(5) 在模型树节点 Connections→Contacts 中已经自动生成了两个接触对，分别右键单击这两个接触对并删除，本案例不使用接触对，而使用运动副进行 part 之间的连接。

(6) 在工具栏中找到 Display→Explode，拖动 Reset 滑块，激活模型的爆炸图功能，便于后续为模型设置运动副，如图 3-39 所示。

图 3-39　激活爆炸图功能

模型爆炸后的效果如图 3-40 所示。

图 3-40　模型爆炸后的效果

(7) 右键单击模型树节点 Joints，选择 Insert→Joint，插入一个运动副，设定 Type 为 Revolute，即运动副类型为旋转副。在 Details of "Revolute - No Selection To No Selection"中，可以看到需要指定旋转副的两个对象。在 Reference 中，Scope 选择底部零件的圆孔面，如图 3-41 所示。

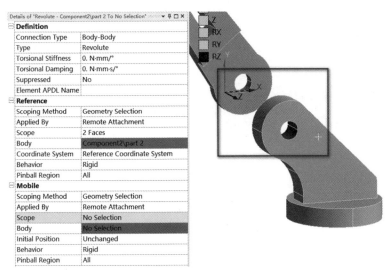

图 3-41　旋转副设置(1)

(8) 在 Mobile 中，Scope 选择对应的另一个圆孔面，如图 3-42 所示。

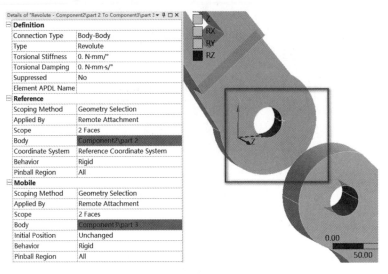

图 3-42　旋转副设置(2)

(9) 右键单击模型树节点 Joints，选择 Insert→Joint，继续插入一个运动副，设定 Type 为 Revolute，即运动副类型为旋转副。在 Details of "Revolute - No Selection To No Selection"中，可以看到需要指定旋转副的两个对象。在 Reference 中，Scope 选择中间零件的圆孔面，如图 3-43 所示。

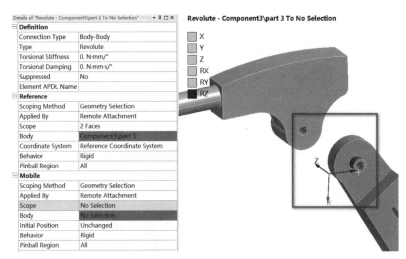

图 3-43　旋转副设置(3)

(10) 在 Mobile 中，Scope 选择对应的另一个圆孔面，如图 3-44 所示。

(11) 在工具栏中找到 Display→Explode，将 Reset 恢复，完成的两个旋转副设置如图 3-45 所示。

(12) 右键单击模型树节点 Connections，选择 Insert→Joint，继续插入一个运动副，将 Connection Type 修改为 Body-Ground，设定 Type 为 Revolute，Scope 选择底座的底面，如图 3-46 所示。

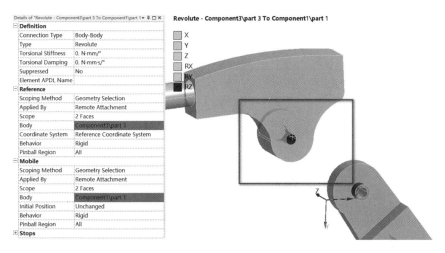

图 3-44　旋转副设置(4)

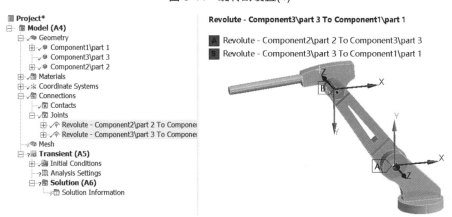

图 3-45　完成的旋转副设置

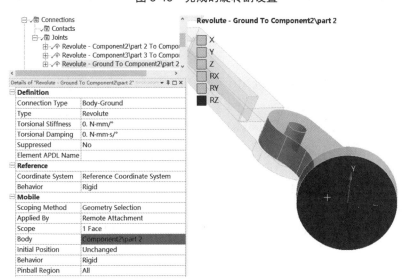

图 3-46　底部旋转副设置

(13) 单击模型树节点 Mesh，在 Details of "Mesh"中设定模型单元的长度为 10 mm。

(14) 右键单击模型树节点 Mesh，选择 Generate Mesh，生成模型网格，如图 3-47 所示。

图 3-47　模型网格划分

(15) 单击模型树节点 Analysis Settings，在 Details of "Analysis Settings"中设定 Number Of Steps 为 5，即 5 个载荷步。在 Graph 中右键单击，选择 Select All Steps，就可以给所有的载荷步进行时间步的设置了，如图 3-48 所示。

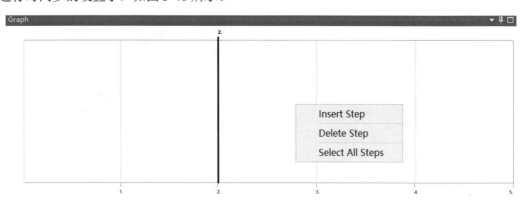

图 3-48　选定所有载荷步

(16) 在 Details of "Analysis Settings"中，设定每个时间步中的 Initial Time Step 为 0.01 s，即初始时间步长为 0.01 s；设定 Minimun Time Step 为 0.001 s，即最小时间步长为 0.001 s；设定 Maximun Time Step 为 0.1 s，即最大时间步长为 0.1 s，如图 3-49 所示。

(17) 右键单击模型树节点 Transient，选择 Insert→ Joint Load，添加一个连接载荷，在 Joint 中选择底部旋转副，设定 Type 为 Rotation，给旋转副施加一个选择载荷，如图 3-50 所示。

Details of "Analysis Settings"	
Step Controls	
Number Of Steps	5.
Current Step Number	5.
Step End Time	5. s
Auto Time Stepping	On
Define By	Time
Carry Over Time Step	Off
Initial Time Step	1.e-002 s
Minimum Time Step	1.e-003 s
Maximum Time Step	0.1 s
Time Integration	On

图 3-49　时间步长设置

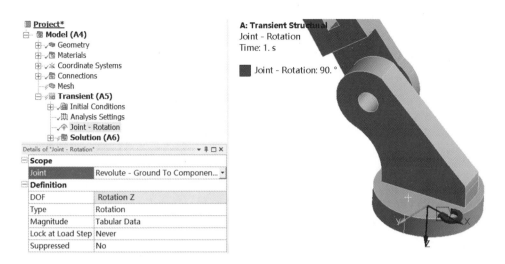

图 3-50   旋转载荷设定(1)

(18) 在 Tabular Data 中，给每一个载荷步设定相应的旋转角度，如图 3-51 所示。

图 3-51   旋转角度设定(1)

(19) 继续右键单击模型树节点 Transient，选择 Insert→Joint Load，添加第 2 个连接载荷，Joint 选择底部旋转副，设定 Type 为 Rotation，给旋转副施加一个选择载荷，如图 3-52 所示。

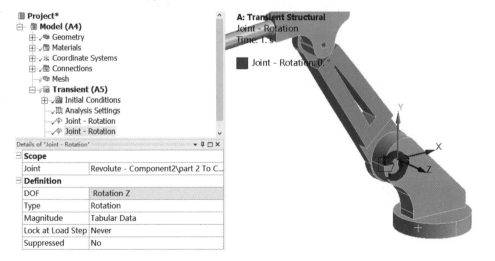

图 3-52   旋转载荷设定(2)

(20) 在 Tabular Data 中，给每一个载荷步设定相应的旋转角度，如图 3-53 所示。

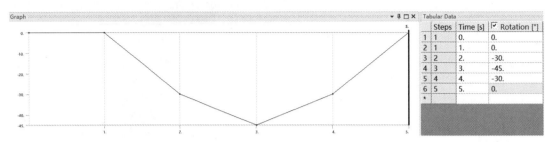

图 3-53　旋转角度设定(2)

(21) 继续右键单击模型树节点 Transient，选择 Insert→Joint Load，添加第 3 个连接载荷，Joint 选择底部旋转副，设定 Type 为 Rotation，给旋转副施加一个选择载荷，如图 3-54 所示。

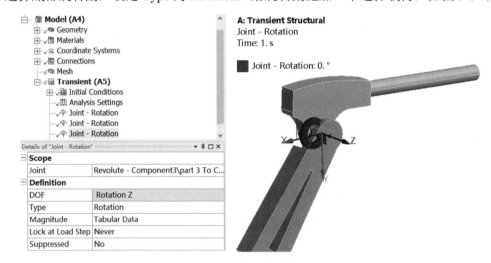

图 3-54　旋转载荷设定(3)

(22) 在 Tabular Data 中，给每一个载荷步设定相应的旋转角度，如图 3-55 所示。

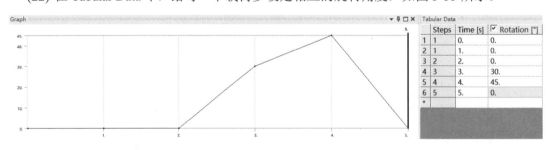

图 3-55　旋转角度设定(3)

(23) 右键单击模型树节点 Solution，选择 Solve 进行计算。

(24) 计算完成后，右键单击模型树节点 Solution，选择 Insert→Equivalent Stress，插入模型的等效应力结果；右键单击模型树节点 Solution，选择 Insert→Position，插入模型的位置结果。分别右键单击 Equivalent Stress 与 Position，选择 Evaluate All Results，得到各个时间步相应的结果云图，5 s 时的等效应力云图如图 3-56 所示，5 s 时的位移轨迹如图 3-57 所示。

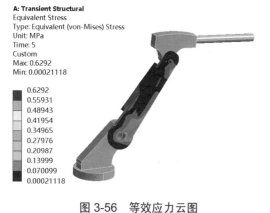

图 3-56　等效应力云图

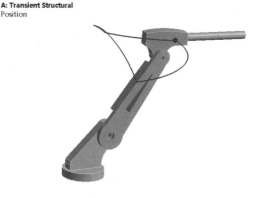

图 3-57　位置轨迹

3.4　结构跌落分析

在 ANSYS Workbench 中，工程师们可以利用丰富的物理模型和数值计算方法对各种复杂的工程问题进行精确的模拟和分析。其中，Explicit Dynamics 模块对于结构动力学跌落计算具有极高的实用价值。该模块允许用户对结构在跌落、冲击等动态过程进行详细的模拟和分析。

3.4.1　实例介绍

在这个实例中，我们关注的是一个简易的 PCB 模型，如图 3-58 所示。其结构很简单，通过使用 Explicit Dynamics 模块，我们可以计算出这个模型在一个初始速度作用下的动力学响应情况。

为了进行这个模拟，首先需要对 PCB 板的材料属性进行详细定义，包括诸如弹性模量、泊松比、密度等关键的物理参数。这些参数将直接影响模型在跌落过程中的动态行为。

之后，在 Explicit Dynamics 模块中设置初始条件，这是一个关键的步骤。这里可以给模型设定一个初始速度，以此来模拟 PCB 板从一定高度跌落的情况。这个初始速度的大小和方向将直接影响模型的跌落姿态和冲击效果。

接着，需要设置接触关系。在这个模型中，我们需要定义 PCB 板与地面之间的接触关系。这可以通过使用 ANSYS Workbench 的自动接触生成功能来完成，也可以手动定义接触面。接触设置的好坏将直接影响模拟结果的准确性。

最后，在求解控制中设置结束时间、步长大小等参数。求解完成后，就可以得到 PCB 板在跌落过程中的位移、速度、加速度以及相应部位的应力和变形等动力学响应结果。这些结果对于评估 PCB 板结构在撞击载荷下的强度和刚度具有重要价值。

通过这个实例，我们可以看到 ANSYS Workbench 的 Explicit Dynamics 模块为工程师们提供了一种强大的工具，可以对结构的动力学响应进行精细的模拟和分析。这种方法不仅可以应用于 PCB 板结构的跌落分析，还可广泛应用于其他各种工程结构，如汽车、航空航天器、建筑物等在各种动态载荷作用下的性能评估。当然，目前 ANSYS Workbench 中也已经具备了ls-dyna 模块，该模块同样具备优秀的碰撞、冲击、冲压等计算的能力。

图 3-58　简易 PCB 模型

3.4.2　分析流程

(1)　启动 ANSYS Workbench，加载 Explicit Dynamics(显式动力学分析)模块。

(2)　右键单击 A3 单元格，选择 Import Geometry→Browse，弹出 "文件选择" 对话框，选择几何模型文件 ex11\ex11.stp。

(3)　双击 A2 单元格，进行材料设置，新建一个 PCB 材料，在 Toolbox 中双击 Density、Isotropic Elasticity、Bilinear Isotropic Hardening，为 PCB 定义线性与非线性参数，如图 3-59 所示。

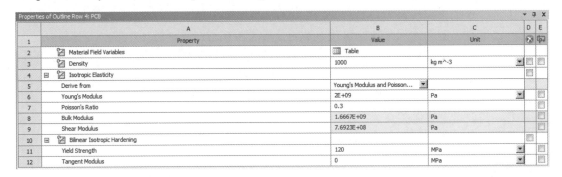

图 3-59　PCB 材料设置

(4)　继续创建材料，在 Outline of Schematic A2: Engineering Data 中，右键单击 Engineering Data Sources，在 Engineering Data Sources 中选择 General Non-linear Materials，然后在 Outline of General Non-linear Materials 中选择 Aluminum Alloy NL 作为非线性材料，如图 3-60 所示。

(5)　双击 A4 单元格，进入显式动力学分析模块。可以看到在模型树节点 Geometry 下有 5 个零件，即本实例模型由 5 个零件组成，需要分别为这 5 个零件赋予相应的材料。在 Geometry 中选择第 2 个零件，在它的 Material→Assignment 中选择 Aluminum Alloy NL，如图 3-61 所示。

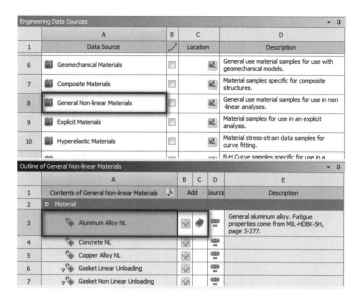

图 3-60　非线性材料设置

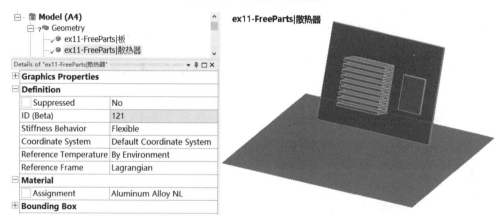

图 3-61　散热器材料设置

(6)　使用同样的方法，为板、CPU、部件都赋予 PCB 材料，如图 3-62 所示。

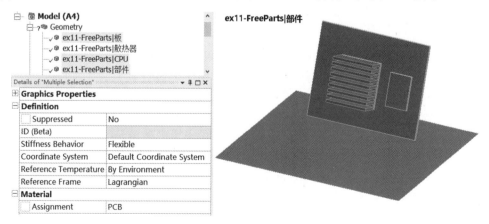

图 3-62　PCB 材料设置

(7) 接下来需要给地面定义材料，在本实例中，将地面简化为刚体模型，并使用了壳单元，将 Stiffness Behavior 设定为 Rigid，同时定义壳的厚度为 5 mm，如图 3-63 所示。

图 3-63　地面材料设置

(8) 在模型树节点 Connections→Contacts 中，可以看到已经自动建立了 3 个绑定接触对，即已经建立散热器、CPU、部件分别与板的绑定接触，如图 3-64 所示。

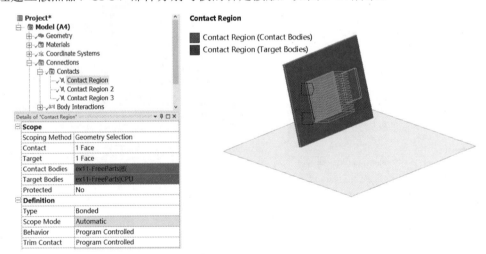

图 3-64　绑定接触

(9) 同时选中这 3 个接触对，可以在 Details of "Multiple Selection"中，找到 Breakable 选项，根据实际定义失效准则，本实例中并未开启，如图 3-65 所示。

(10) 在模型树节点 Connections→Body Interactions 中，可以看到已经自动建立了一个 Body Interaction，类型为无摩擦方式，如图 3-66 所示。

(11) 单击模型树节点 Mesh，在 Details of "Mesh"中设定模型单元的长度为 3 mm。

(12) 右键单击模型树节点 Mesh，选择 Generate Mesh，生成模型网格，如图 3-67 所示。

(13) 右键单击模型树节点 Initial Conditions，选择 Insert→Velocity，设定一个初始速度，选择散热器、CPU、部件、板这 4 个 Body，设定其竖直方向(-Y 轴)的速度为 3680 mm/s，如图 3-68 所示。

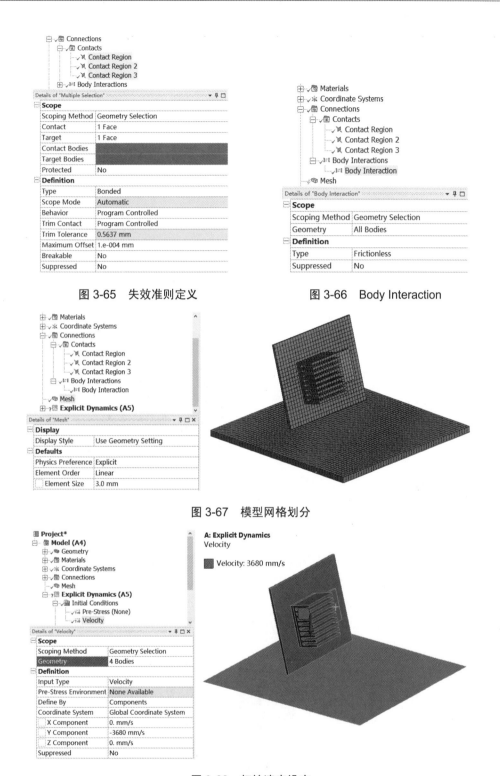

图 3-65　失效准则定义　　　　　　　　图 3-66　Body Interaction

图 3-67　模型网格划分

图 3-68　初始速度设定

(14) 单击模型树节点 Analysis Settings，在 Details of "Analysis Setting"中设定 End Time 为 0.002 5 s，如图 3-69 所示。

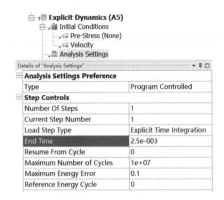

图 3-69　计算时间设定

(15) 右键单击模型树节点 Explicit Dynamics，选择 Insert→Fixed Support，添加一个固定约束，选择底部的地面模型作为约束面，如图 3-70 所示。

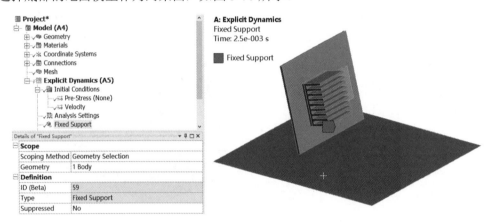

图 3-70　固定约束设定

(16) 右键单击模型树节点 Solution，选择 Solve 进行计算。

(17) 计算完成后，右键单击模型树节点 Solution，选择 Insert→Equivalent Stress，插入模型的等效应力结果；右键单击模型树节点 Solution，选择 Insert→Total Deformation，插入模型的位移结果。分别右键单击 Equivalent Stress 与 Total Deformation，选择 Evaluate All Results，得到 0.002 5 s 时的等效应力云图(见图 3-71)和位移云图(见图 3-72)。

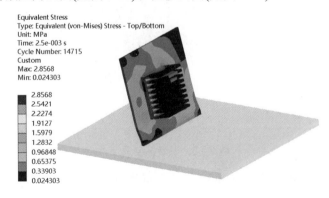

图 3-71　等效应力云图

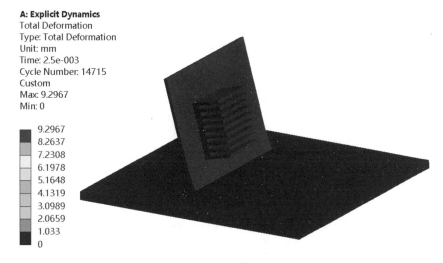

A: Explicit Dynamics
Total Deformation
Type: Total Deformation
Unit: mm
Time: 2.5e-003
Cycle Number: 14715
Custom
Max: 9.2967
Min: 0

9.2967
8.2637
7.2308
6.1978
5.1648
4.1319
3.0989
2.0659
1.033
0

图 3-72　位移云图

3.5　不同区域的初始温度

在使用 ANSYS Workbench 进行结构瞬态传热分析的过程中，必须先为模型设定一个初始温度场，以确保计算结果的准确性和可靠性。这个初始温度场可以视具体情况而定，通常可以根据实验数据或者经验公式得到。设定好初始温度场之后，就可以进行传热计算，以模拟模型在一段时间内的温度变化过程。

3.5.1　实例介绍

在本实例中，模型中的不同部分(即 part)具有不同的初始温度，这就无法使用统一的初始温度来处理。为了解决这个问题，本实例中借助 APDL 命令流来对不同部分的初始温度进行定义。

APDL 是一种强大的参数化设计语言，能够用于创建模型、进行有限元分析、后处理等。在本实例中，使用 APDL 命令流可以对每个部分的初始温度进行单独定义，从而确保每个部分在传热计算过程中具有不同的初始温度。这也就意味着，在实现瞬态传热计算的过程中，需要考虑每个部分的不同初始温度对计算结果的影响。

通过使用 APDL 命令流对不同部分的初始温度进行定义，可以更加准确地模拟结构瞬态传热过程，从而得到更加准确、可靠的计算结果。

3.5.2　分析流程

(1)　启动 ANSYS Workbench，加载 Transient Thermal(瞬态热分析)模块。

(2)　右键单击 A3 单元格，选择 Import Geometry→Browse，弹出"文件选择"对话框，选择几何模型文件 ex12\ex12.stp。

(3)　双击 A4 单元格，进入瞬态热分析模块。模型使用默认材料，在 Contact Region 中已经自动建立了一对绑定接触，如图 3-73 所示。

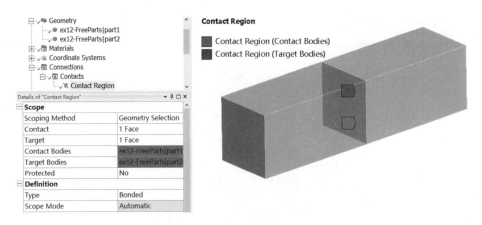

图 3-73　自动建立绑定接触

(4)　单击模型树节点 Mesh，在 Details of "Mesh"中设定模型单元的长度为 5 mm。

(5)　右键单击模型树节点 Mesh，选择 Generate Mesh 生成模型网格，如图 3-74 所示。

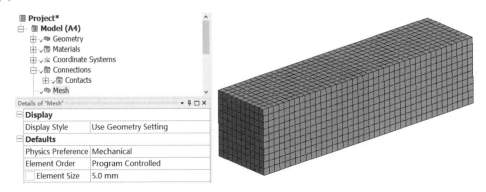

图 3-74　模型网格划分

(6)　单击模型树节点 Transient Thermal 下的 Analysis Settings，在 Details of "Analysis Settings"中设定 Step End Time 为 10 s，如图 3-75 所示。

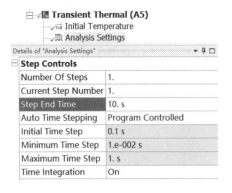

图 3-75　瞬态计算时间设定

(7)　右键单击模型树节点 Geometry 下的 part1，选择 Create Named Selection，在 Selection Name 中输入该零件的自定义名称，这里使用 part1，如图 3-76 所示。

Named Selections

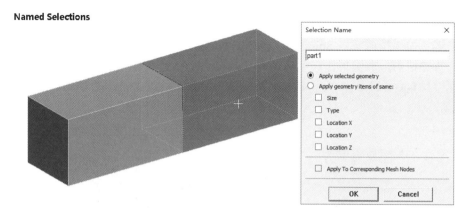

图 3-76   part1 零件命名

（8）使用同样的方法，给零件 part2 定义一个 Selection Name，设置名称为 part2，完成后可以在模型树节点 Named Selections 中看到已命名的两个零件，如图 3-77 所示，该命名工作主要用于后续的 APDL 命令流。

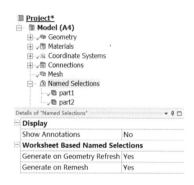

图 3-77   零件命名

（9）右键单击模型树节点 Transient Thermal，选择 Insert→Commands，添加命令流，如图 3-78 所示。

图 3-78   初始温度命令流

在这个命令流中，主要用到了 ESEL 和 ic 命令，通过 ESEL 命令可以选择我们关注的 part，通过 ic 命令可以对我们关注的 part 施加初始条件，比如，本实例中分别给两个 part 设定初始温度为 200 ℃和 100 ℃。

(10) 右键单击模型树节点 Solution，选择 Solve 进行计算。

(11) 计算完成后，右键单击模型树节点 Solution，选择 Insert→Thermal→Temperature，插入模型的温度结果。右键单击 Temperature，选择 Evaluate All Results，得到 10 s 时的温度云图，如图 3-79 所示。由此可见，使用 APDL 命令流，可以更加灵活地对我们所关注的零件进行有针对性的处理。

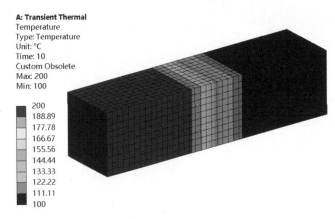

图 3-79　温度云图

第4章 接触非线性计算

接触应力的定义：当两个物体相互压紧时，在它们接触区域产生的应力被称为 接触应力。这种应力是局部性的，主要集中在接触点周围，而且随着离开接触区域距离的增加而迅速减少。在强度计算中，特别是在齿轮、车轮等机械零件中，接触应力是一个非常重要的参数。常见的接触类型包括圆柱与平面、圆柱与圆柱等。

4.1 实 例 介 绍

对于接触应力的计算，通常需要根据具体情况进行简化模型的选择和设置。例如，轧辊间的接触应力计算是一个比较常见的例子。为了方便计算，我们可以使用一个有限元模型来模拟圆柱与平板之间的接触，在模型中，我们可以根据结构、约束、载荷的对称性，使用 1/4 模型进行简化计算，如图 4-1 所示。在计算过程中，ANSYS Workbench 的 Convergence 收敛工具的使用也是非常关键的，它可以帮助我们判断计算结果的收敛性和准确性。

一旦计算完成，我们可以从接触面上的应力云图中清晰地看出接触应力的大小和分布规律。在接触区域，应力通常会达到最大值，然后随着离开接触面距离的增加而逐渐减小。通过后处理，我们可以得到接触区的应力和变形结果，从而评估两个物体接触的整体强度。这种接触分析方法也可以扩展应用到更复杂的工程接触问题中，为我们的设计和分析提供更准确、可靠的依据。

图 4-1 圆柱与平板模型

4.2 分 析 流 程

(1) 启动 ANSYS Workbench，加载 Static Structural(静态结构分析)模块。

(2) 右键单击 A3 单元格，选择 Import Geometry→Browse，弹出"文件选择"对话框，选择几何模型文件 ex13\ex13.stp。

(3) 双击 A3 单元格，进入 SpaceClaim。进入 SpaceClaim 后，在左侧的模型树节点中找到 Component1 与 Component2，使用 Ctrl 键与鼠标左键，同时选中 Component1 与 Component2 两个 part，然后单击右键，选择 Move To New Component，可以发现在模型树中增加了 Component4。单击 Component4，在其 Properties 的 Analysis 中，将 Share Topology 的类型设定为 Share，即两个 part 共享拓扑，如图 4-2 所示。

(4) 双击 A4 单元格，进入静态结构分析模块。

(5) 模型使用默认材料结构钢，如图 4-3 所示。

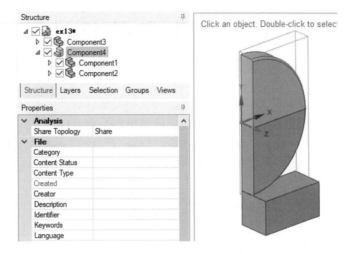

图 4-2　几何模型处理

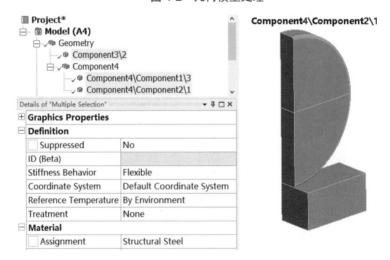

图 4-3　模型材料设置

（6）右键单击模型树节点 Model，选择 Insert→Symmetry，插入一个对称工具。本实例的模型共有两个对称面，对称面分别是 X 轴法向与 Z 轴法向。右键单击 Symmetry，选择 Insert→Symmetry Region，插入一个对称区域，在 Details of "Symmetry Region"中，选择 X 轴法向的对称面，如图 4-4 所示。

（7）右键单击模型树节点 Model，选择 Insert→Symmetry，再插入一个对称工具。右键单击 Symmetry，选择 Insert→Symmetry Region，再插入一个对称区域，在 Details of "Symmetry Region"中，选择 Z 轴法向的对称面，如图 4-5 所示。

（8）在模型树节点 Connections 下的 Contacts 中，已经自动建立了一个接触对，这是圆柱与平板之间的接触。单击接触对，在 Details of "Frictionless..."中，将接触类型设定为 Frictionless，即无摩擦接触，同时将 Interface Treatment 设定为 Adjust to Touch，如图 4-6 所示。

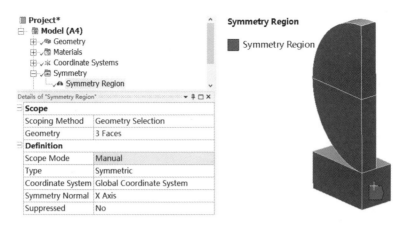

图 4-4　X 轴法向对称面

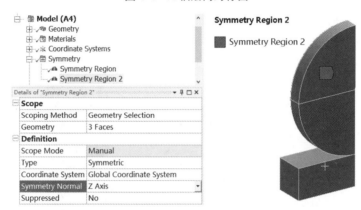

图 4-5　Z 轴法向对称面

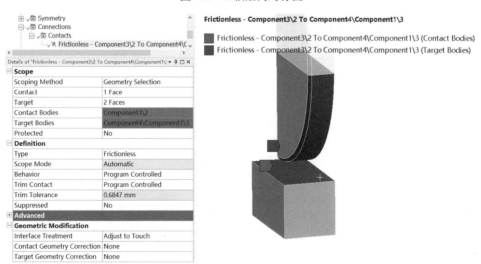

图 4-6　接触设置

(9)　单击模型树节点 Mesh，在 Details of "Mesh"中设定模型单元的长度为 5 mm。

(10) 右键单击模型树节点 Mesh，选择 Insert→Contact Sizing，插入一个接触面网格控制。

在 Details of "Contact Sizing"中，设定其单元长度为 2 mm，如图 4-7 所示。

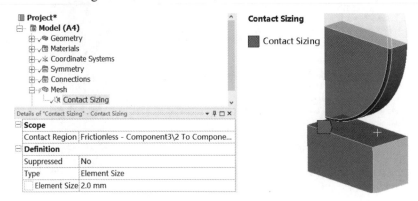

图 4-7　插入接触面网格控制

(11) 右键单击模型树节点 Mesh，选择 Generate Mesh，生成模型网格，如图 4-8 所示。

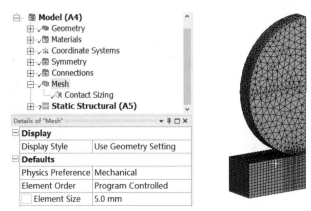

图 4-8　模型网格划分

(12) 右键单击模型树节点 Static Structural，选择 Insert→Fixed Support，添加一个固定约束，选择平板的底面作为约束面，如图 4-9 所示。

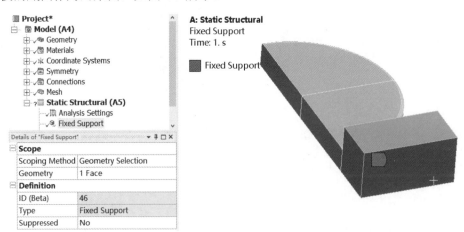

图 4-9　固定约束设定

(13) 右键单击模型树节点 Static Structural，选择 Insert→Force，添加一个外载荷。选择圆柱上表面，加载载荷 F=−500 N，方向竖直向下，由于使用了 1/4 对称模型，则该载荷为整体载荷的 1/4，如图 4-10 所示。

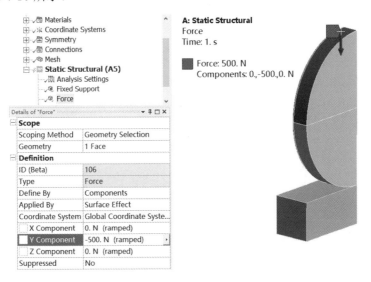

图 4-10　外部载荷设定

(14) 右键单击模型树节点 Solution，选择 Insert→Directional Deformation，插入模型的位移结果。在 Details of "Directional Deformation"中，将 Orientation 设定为 Y Axis，即 Y 轴方向的变形量，如图 4-11 所示。

(15) 右键单击模型树节点 Solution，选择 Insert→Contact Tool→Contact Tool，插入一个接触工具。右键单击模型树节点 Contact Tool，选择 Insert→Pressure，添加一个接触应力，如图 4-12 所示。

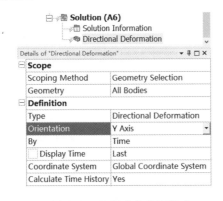

图 4-11　Y 轴方向变形设定

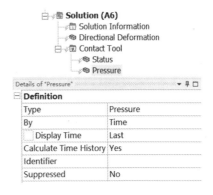

图 4-12　接触应力设定

4.3　添加 Convergence 收敛工具

本实例为一个接触非线性的问题，通过使用 Convergence 收敛工具，可以对接触面网格进行自动加密处理，并进行计算，自动对前后两次的计算结果进行对比，根据设定的变化百分比来判断计算的收敛性。

(1) 右键单击模型树节点 Directional Deformation，选择 Insert→Convergence，在 Details of "Convergence"中，设定 Allowable Change 为 5%，即位移最大值的最大变化百分比为 5%，如图 4-13 所示。

(2) 右键单击模型树节点 Pressure，选择 Insert→Convergence，在 Details of "Convergence" 中，设定 Allowable Change 为 5%，即接触应力最大值的最大变化百分比为 5%，如图 4-14 所示。

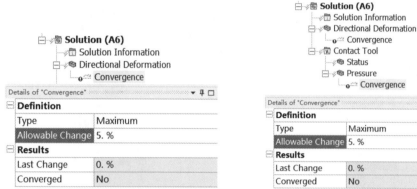

图 4-13　位移收敛控制　　　　　　　　　图 4-14　接触应力收敛控制

(3) 右键单击模型树节点 Solution，选择 Solve 进行计算。得到的位移结果如图 4-15 所示，自动进行了两次计算，通过局部网格加密，得到位移结果收敛。得到的接触应力结果如图 4-16 所示。通过两次计算发现，最大接触应力变化为 22.18%，并未收敛，则需要进行再次计算。右键单击模型树节点 Solution，选择 Solve 继续计算，共通过五次计算，接触应力收敛，如图 4-17 所示。

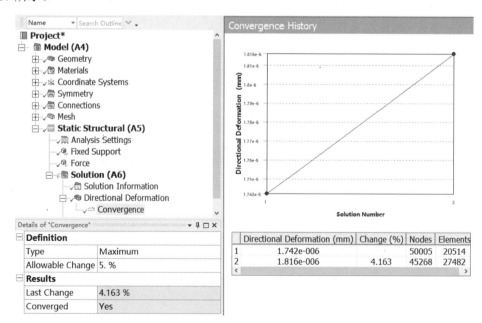

图 4-15　位移结果

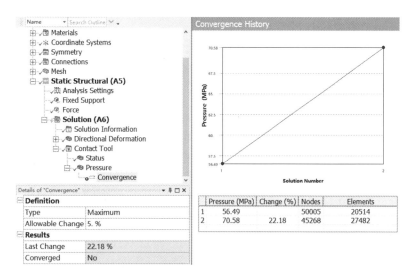

图 4-16 接触应力结果

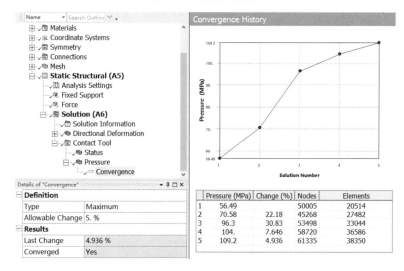

图 4-17 接触应力收敛结果

4.4 理论公式计算

对于圆柱与平板的接触应力问题，也可以使用理论公式进行简化计算，本实例中的圆柱体与平面符合图 4-18 所示的情况，若使用接触应力公式 $\sigma_{\max} = 0.418\sqrt{\dfrac{PE}{lR}}$ 进行计算，其中 P=2000 N，E=2×10^{11} Pa，l=0.044 m，R=0.1 m，则计算得到最大接触应力 $\sigma_{\max}$ =126 MPa。

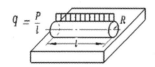

图 4-18 圆柱体与平面接触应力

第 5 章 材料非线性计算

超弹性材料是一种具有极高弹性的材料，可以在承受大幅度弹性变形的情况下，保持其体积变化极小。这种材料的应力应变关系通常表现出高度的非线性，即在受力过程中，其应变与应力之间的关系并不是简单的线性比例关系。这一特性使得超弹性材料在各种工程应用中具有广泛的应用价值。

在进行超弹性体的仿真分析时，我们通常会做出一些前提假设。首先，假设材料是各向同性的，这意味着材料的性质在各个方向上都是相同的；其次，假设材料在受力过程中保持等温状态，即不考虑温度变化对其性能的影响；再次，假设材料是弹性的，即当外力去除后，材料能够完全恢复其原始形状和体积；最后，假设材料是不可压缩的，即材料的体积在受力过程中不会发生改变。

在实际应用中，我们通常会通过应变能密度函数来定义超弹性材料的性能。应变能密度函数可以描述材料在受力过程中的变形行为，并且可以通过实验测得。

5.1 实 例 介 绍

本实例将介绍超弹性材料的变形计算，模型如图 5-1 所示。模型由圆柱与平板组成，根据结构、约束、载荷的对称性，使用了 1/4 模型进行简化计算，圆柱为超弹性材料。

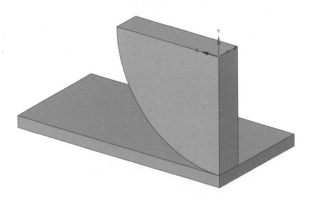

图 5-1 圆柱与平板模型

5.2 分 析 流 程

(1) 启动 ANSYS Workbench，加载 Static Structural(静态结构分析)模块。

(2) 右键单击 A3 单元格，选择 Import Geometry→Browse，弹出"文件选择"对话框，选择几何模型文件 ex14\ex14.stp。

(3) 双击 A2 单元格，进行材料设置。新建一个 Hyper 材料，在 Toolbox 中双击 Mooney-Rivlin

2 Parameter，需要为 Hyper 定义超弹性材料参数，如图 5-2 所示。

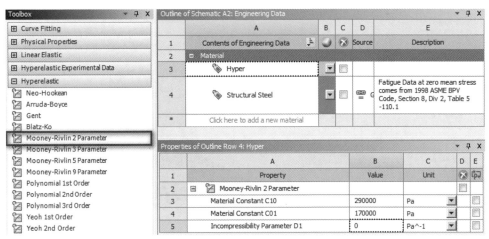

图 5-2　Hyper 材料设置

(4)　双击 A4 单元格，进入静态结构分析模块。

(5)　圆柱模型的材料为超弹性橡胶材料，底部平板为默认的碳钢材料，如图 5-3 所示。

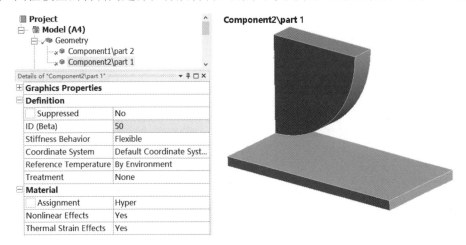

图 5-3　模型材料设置

(6)　在模型树节点 Connections→Contacts 中，可以看到已经自动生成了一个接触对，这是超弹性圆柱与底部平板间的接触对。在 Details of "Frictionless..."中，将接触类型设定为 Frictionless，即无摩擦接触，如图 5-4 所示。

(7)　单击模型树节点 Mesh，在 Details of "Mesh"中设定模型单元的长度为 5 mm。

(8)　右键单击模型树节点 Mesh，选择 Generate Mesh，生成模型网格，如图 5-5 所示。

(9)　单击模型树节点 Analysis Settings，在 Details of "Analysis Settings"中，设定计算子步的参数，如图 5-6 所示。

(10)　设定 Large Deflection 为 On，即打开大变形，如图 5-7 所示。

(11)　右键单击模型树节点 Static Structural，选择 Insert→Fixed Support，添加一个固定约束，选择底部平板所有的面作为约束面，简化其为刚性体，如图 5-8 所示。

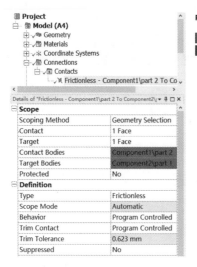

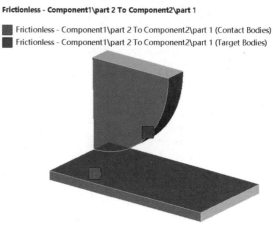

图 5-4 接触设置

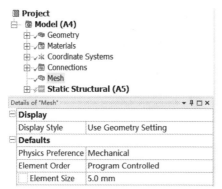

图 5-5 模型网格划分

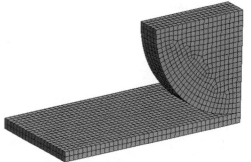

图 5-6 计算子步参数设定

图 5-7 Large Deflection 设定

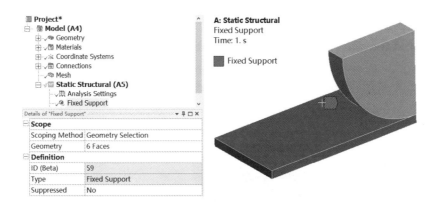

图 5-8　固定约束设定

(12) 右键单击模型树节点 Static Structural,选择 Insert→Frictionless Support,添加无摩擦约束,在模型两个对称面上加载无摩擦约束,如图 5-9 所示。

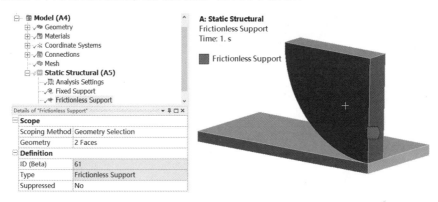

图 5-9　无摩擦约束设定

(13) 右键单击模型树节点 Static Structural,选择 Insert→Displacement,添加一个位移载荷,选择圆柱上表面,加位移-30 mm,方向竖直向下,如图 5-10 所示。

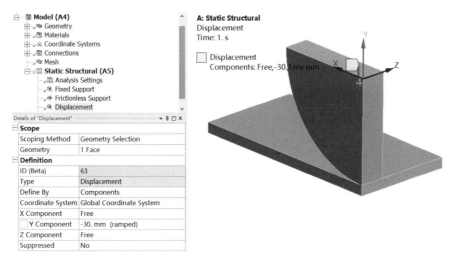

图 5-10　位移载荷设定

(14) 右键单击模型树节点 Solution，选择 Solve 进行计算。

(15) 计算完成后，右键单击模型树节点 Solution，选择 Insert→Directional Deformation，插入模型的位移结果。在 Details of "Directional Deformation"中，将 Orientation 设定为 Y Axis，即 Y 轴方向的变形量。右键单击 Directional Deformation，选择 Evaluate All Results，得到模型的位移云图，如图 5-11 所示.

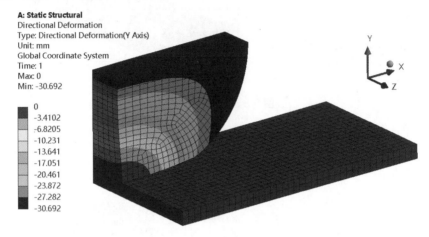

图 5-11　Y 轴方向位移云图

第6章　结构优化计算

6.1　支架的拓扑优化

拓扑优化可以应用于结构的概念设计与轻量化设计中，为设计师提供更多的设计可能性。它通过优化结构的布局和连接方式，使结构在满足性能要求的同时，具有更轻的重量和更高的稳定性。拓扑优化被广泛应用于汽车、航空航天、机械装备等众多领域。

6.1.1　实例介绍

为了说明拓扑优化的实际应用，本实例选用了一个支架模型，如图 5-1 所示，使用 ANSYS Workbench 软件对其进行结构拓扑优化。在优化过程中，首先对模型进行有限元分析，以确定结构的力学特性，使用拓扑优化算法，根据分析结果自动调整结构的布局，以达到最优的设计效果。

经过拓扑优化后，支架模型的结构更加合理，重量更轻，稳定性更高。同时，拓扑优化还可以为设计师提供更多的设计灵感和方案选择，使设计更加灵活多样。总之，拓扑优化是一种非常有效的技术手段，可以显著提高结构的设计质量和生产效率。

图 6-1　支架模型

6.1.2　分析流程

(1) 启动 ANSYS Workbench，加载 Static Structural(静态结构分析)模块。

(2) 右键单击 A3 单元格，选择 Import Geometry→Browse，弹出"文件选择"对话框，选择几何模型文件 ex15\ex15.scdoc。

(3) 双击 A4 单元格，进入静态结构分析模块，使用默认材料。

(4) 单击模型树节点 Mesh，在 Details of "Mesh"中设定模型单元的长度为 4 mm。

(5) 右键单击模型树节点 Mesh，选择 Insert→Method，添加网格控制方法，选择模型所有的 part，将其网格划分方法设定为 MultiZone。

(6) 右键单击模型树节点 Mesh，选择 Generate Mesh，生成模型网格，如图 6-2 所示。

(7) 右键单击模型树节点 Static Structural，选择 Insert→

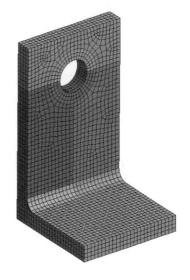

图 6-2　模型网格划分

Fixed Support，添加一个固定约束，选择支架孔圆周面作为约束面，如图 6-3 所示。

图 6-3　固定约束设定

(8) 右键单击模型树节点 Static Structural，选择 Insert→Force，添加一个均布载荷，在支架平面上加载方向竖直向下的载荷 2000 N，如图 6-4 所示。

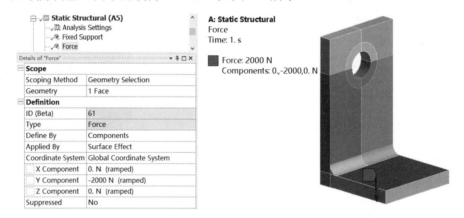

图 6-4　均布载荷设定

(9) 右键单击模型树节点 Solution，选择 Solve 进行计算。

(10) 计算完成后，右键单击模型树节点 Solution，选择 Insert→Equivalent Stress，插入模型的等效应力结果。右键单击模型树节点 Solution，选择 Insert→Total Deformation，插入模型的位移结果，得到等效应力云图及位移云图，如图 6-5 所示。

(11) 计算完成后，退出结构计算模块，在 ANSYS Workbench 平台内，加载一个拓扑优化模块，并将其拖入 A6 单元格，分别右键单击 A5、A6、A7 单元格进行更新，完成后效果如图 6-6 所示。

(12) 双击 B5 单元格，进入拓扑优化模块，在这里可以使用默认的优化区域、目标、响应约束设置，如图 6-7 所示。

(13) 右键单击模型树节点 Solution，选择 Solve 进行计算，计算完成后得到拓扑优化结果，如图 6-8 所示，可以看到模型的保留区域。

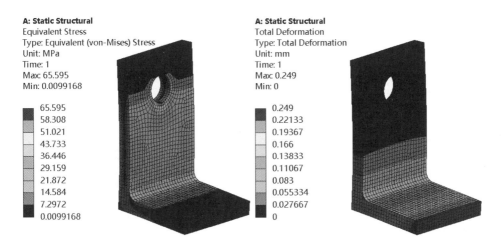

图 6-5 等效应力云图与位移云图

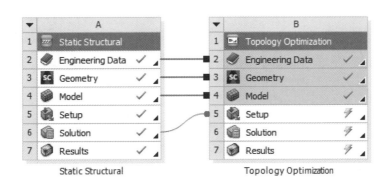

图 6-6 加载拓扑优化模块

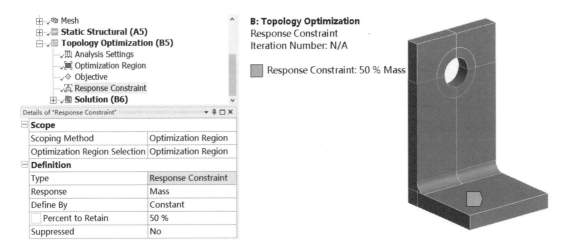

图 6-7 优化设置

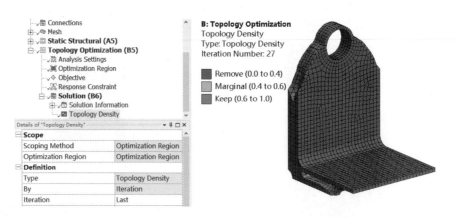

图 6-8　拓扑优化结果

(14) 计算完成后，退出拓扑优化模块。在 ANSYS Workbench 平台内，右键单击 B7 单元格，选择 Transfer to Design Validation System(Geometry)，右键单击 B7 单元格更新拓扑优化结果，再右键单击 C2 单元格更新几何模型，如图 6-9 所示。

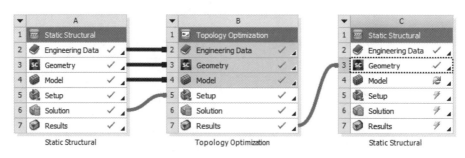

图 6-9　更新后的单元格

(15) 右键单击 C2 单元格，选择 Edit Gemotry in SpaceClaim 进入 SpaceClaim，进入后就可以看到原始支架模型与拓扑优化后的模型，如图 6-10 所示。

(16) 在模型树节点中将原始模型抑制，只显示优化后的模型，如图 6-11 所示。

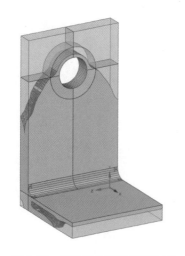

图 6-10　拓扑优化后的模型处理

图 6-11　优化后的模型显示

(17) 在模型树节点中，可以看到当前的模型还不是一个实体模型，是由多个 Facets 面组成，需要选择所有 Facets，选择 Convert to solid→Merge faces，将面模型转化为实体模型，如图 6-12 所示。

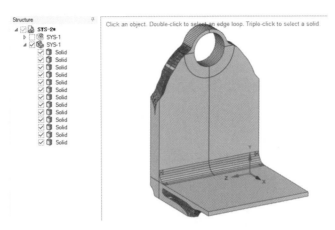

图 6-12　转化的实体模型

(18) 转化为实体的模型后，模型表面存在一些小面，可以使用 Repair 中的 Merge Faces 等功能进行修模工作，完成后退出 SpaceClaim。

(19) 在 ANSYS Workbench 平台内双击 C4 单元格，进入静态结构分析模块，就可以对优化后的模型进行验证计算。计算得到的模型等效应力云图、整体变形云图如图 6-13 所示。

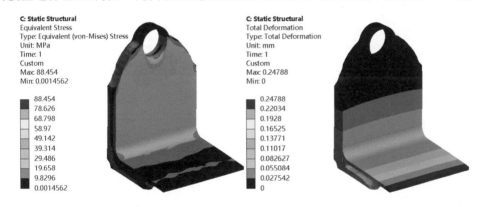

图 6-13　优化模型计算结果

6.2　支架的响应面参数优化

响应面参数优化作为一种先进的实验设计方法，通过科学严谨的实验程序获取一组实验数据，并使用多元二次回归方程来描述各变量与响应值之间的复杂函数关系。这种技术广泛用于解决多变量问题，通过精心设计的实验方法，成功地将复杂的工艺参数优化问题转化为一个统计分析问题。通过对多元二次回归方程的拟合和数据分析，我们能够找到精确的最优工艺参数，从而有效地解决多变量问题。

6.2.1 实例介绍

图 6-14 展示了一个典型的支架模型，通过使用 ANSYS Workbench 进行参数设计与优化，使支架模型的质量和最大等效应力得以满足我们的优化目标。

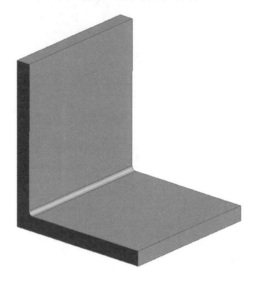

图 6-14 支架模型

响应面参数优化的特点在于其强大的性能和广泛的应用范围。无论是在材料科学、生物医学还是机械工程领域，这种技术都能够为我们提供有价值的解决方案。它通过合理的实验设计和数据分析，能够帮助我们深入理解复杂的系统并优化系统性能，在提高产品质量的同时，还能够降低生产成本、提高生产效率。因此，这种技术对于我们来说具有无可比拟的价值和潜力，它将为我们的未来发展带来更多的可能性。

6.2.2 分析流程

(1) 启动 ANSYS Workbench，加载 Static Structural(静态结构分析)模块。

(2) 右键单击 A3 单元格，选择 New DesignModeler Geometry，进入 DesignModeler 建立几何模型。

(3) 在 Units 菜单栏中选中 Millimeter 复选框，即选择毫米单位制，如图 6-15 所示。

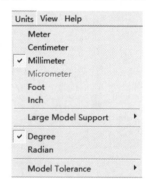

图 6-15 选择毫米单位制

(4) 单击左侧的模型树节点 XYPlane，将 XY 平面作为草图面，同时在工具栏中选择 Look At Face/Plane/Sketch，如图 6-16 所示。

图 6-16 草图面设置

（5）单击模型树下方的 Sketching 按钮，进入草图编辑模式，如图 6-17 所示。

（6）进入草图编辑模式后，在草图工具箱中选择 Rectangle，即长方形绘制功能，如图 6-18 所示。

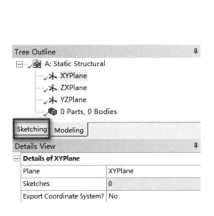

图 6-17　草图 Sketching 功能　　　　图 6-18　选择长方形绘制功能

（7）在草图平面内绘制一个长方形，然后使用 Dimensions 中的 General 功能给长方形标注尺寸，如图 6-19 所示。

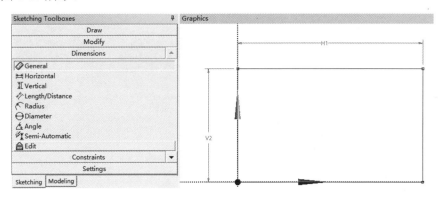

图 6-19　草图尺寸标注

（8）在 Details View 中，将 H1 与 V2 的尺寸都设定为 100 mm，如图 5-20 所示。

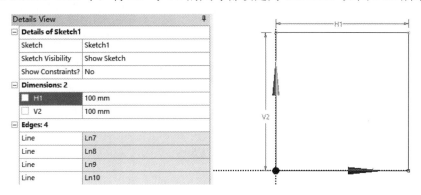

图 6-20　草图尺寸修改

(9) 选择工具栏中的 Extrude，即拉伸功能，如图 6-21 所示。

图 6-21　选择拉伸功能

(10) 在 Details View 中，设定拉伸长度为 10 mm，如图 6-22 所示。

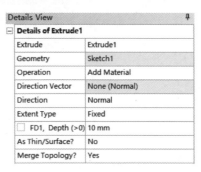

图 6-22　设定拉伸长度

(11) 单击工具栏中的 Generate 按钮，生成拉伸后的体模型，如图 6-23 所示。

图 6-23　单击 Generate 按钮

(12) 生成的体模型如图 6-24 所示。

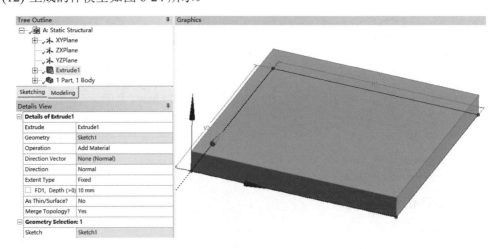

图 6-24　体模型

(13) 在这个生成的体模型中，也显示了它的草图平面，可以通过单击工具栏中的 Display Plane 按钮来关闭草图平面，如图 6-25 所示。

图 6-25　草图平面的显示与隐藏

(14) 使用工具栏中的新建平面功能，新建一个草图平面，如图 6-26 所示。

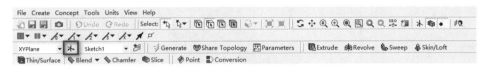

图 6-26　新建草图平面

(15) 在 Details View 中，将 Type 设定为 From Face，在 Base Face 中，选择刚才生成的体模型的上表面，并单击 Apply 按钮，在工具栏中单击 Generate 按钮，生成新的草图平面，如图 6-27 所示。

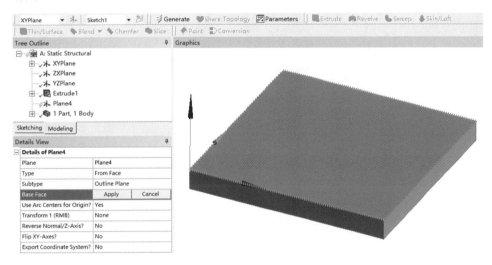

图 6-27　生成草图平面

(16) 单击模型树中新建的 Plane4 平面，然后单击模型树下方的 Sketching 按钮，进入 Plane4 的草图编辑模式，这样就可以在体模型的上表面，即在 Plane4 上绘制新的图形，如图 6-28 所示。

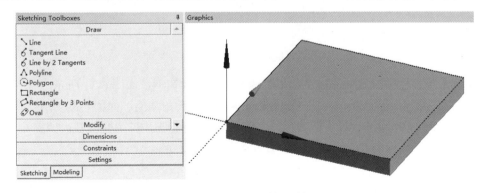

图 6-28　Plane4 草图编辑

(17) 在草图平面内，同样绘制一个长方形，标注宽度尺寸为 10 mm，如图 6-29 所示。

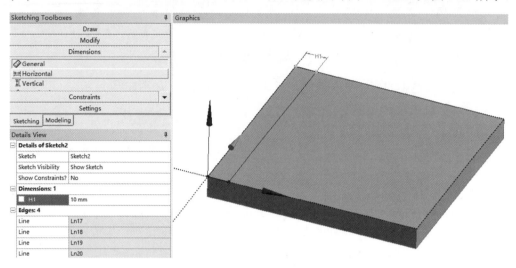

图 6-29　新建长方形

(18) 选择工具栏中的 Extrude，即拉伸功能，设定拉伸长度为 100 mm，如图 6-30 所示。

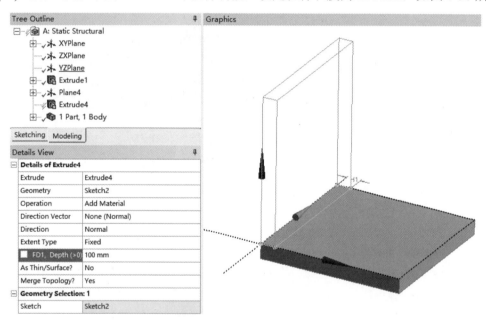

图 6-30　草图拉伸

(19) 单击工具栏中的 Generate 按钮，生成拉伸后的体模型，如图 6-31 所示。

(20) 在工具栏中选择 Blend 中的 Fixed Radius，使用圆角功能，如图 6-32 所示。

(21) 在 Details View 中，设定圆角半径为 3 mm，选择模型中的直角交线，如图 6-33 所示。

(22) 单击工具栏中的 Generate 按钮，生成模型，如图 6-34 所示。

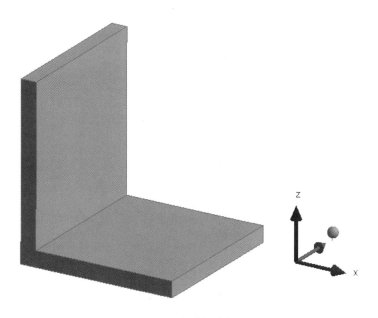

图 6-31　生成的体模型

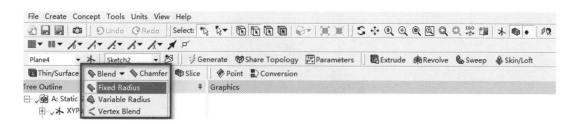

图 6-32　圆角功能

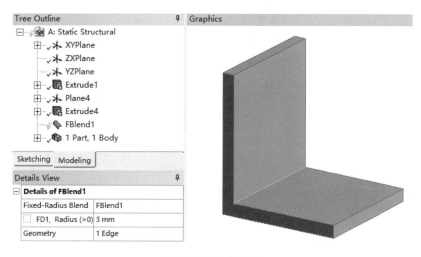

图 6-33　圆角设置

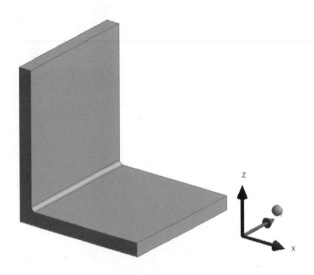

图 6-34　倒圆角后的体模型

(23) 完成模型的创建后，需要将关键几何尺寸参数化。单击模型树节点 XYPlane 下的 Sketch1，在 Details View 中，单击 H1 前的方形框，在 Parameter Name 文本框中输入 width，如图 6-35 所示。

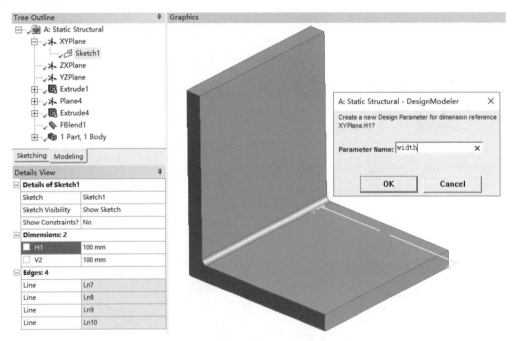

图 6-35　宽度尺寸参数化

(24) 完成 H1 的参数化后，可以发现其方形框中有一个 P，说明已经将 H1，也就是宽度尺寸转为参数化尺寸，如图 6-36 所示。

(25) 同样需要将 V2 尺寸参数化，设定其 Parameter Name 为 length。

(26) 单击模型树节点 Extrude4，将拉伸长度为 100 mm 的尺寸进行参数化，设定其 Parameter Name 为 height，如图 6-37 所示。

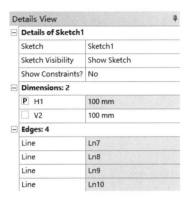

图 6-36　完成 H1 的参数化

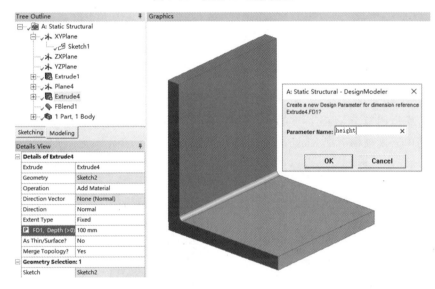

图 6-37　高度尺寸参数化

(27) 单击模型树节点 FBlend1，将圆角尺寸进行参数化，设定其 Parameter Name 为 r，如图 6-38 所示。

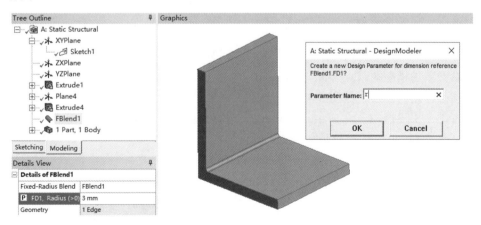

图 6-38　圆角尺寸参数化

(28) 双击 A4 单元格，进入静态结构分析模块。

(29) 模型使用默认材料结构钢，如图 6-39 所示。

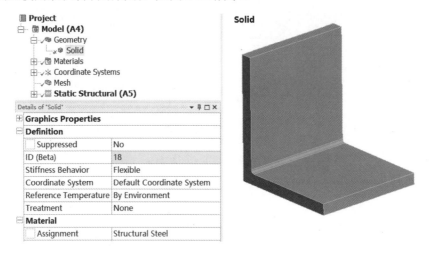

图 6-39　模型材料设置

(30) 单击模型树节点 Mesh，在 Details of "Mesh"中设定模型整体单元的长度为 2 mm。

(31) 右键单击模型树节点 Mesh，选择 Generate Mesh，生成模型全六面体网格，如图 6-40 所示。

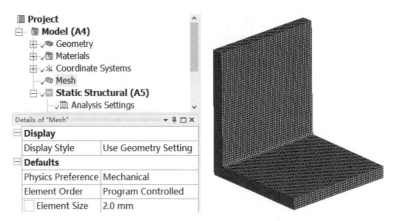

图 6-40　模型网格划分

(32) 右键单击模型树节点 Static Structural，选择 Insert→Fixed Support，添加一个固定约束，选择模型顶面作为约束面，如图 6-41 所示。

(33) 右键单击模型树节点 Static Structural，选择 Insert→Force，添加载荷，选择模型侧面，在 Z 轴方向加载-2000 N 的载荷，如图 6-42 所示。

(34) 右键单击模型树节点 Solution，选择 Solve 进行计算。

(35) 计算完成后，右键单击模型树节点 Solution，选择 Insert→Equivalent Stress，插入模型的等效应力结果。右键单击 Equivalent Stress，选择 Evaluate All Results，得到模型的等效应力云图，如图 6-43 所示。

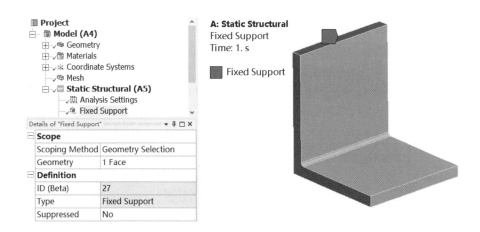

图 6-41　固定约束设定

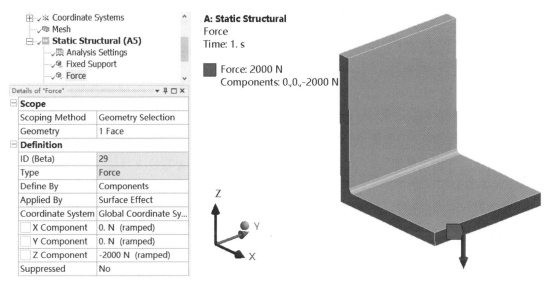

图 6-42　外部载荷设定

图 6-43　等效应力云图

(36) 单击模型树节点 Equivalent Stress，在 Details of "Equivalent Stress" 中，可以看到 Results 中有 Minimum、Maximum、Average 三个值，需要单击 Maximum 前的方形框，也就是将等效应力的最大值参数化，如图 6-44 所示。

(37) 单击模型树节点 Geometry，在 Details of "Geometry" 的 Properties 中，可以看到模型的体积与质量信息，单击 Mass 前的方形框，对模型的质量进行参数化，如图 6-45 所示。

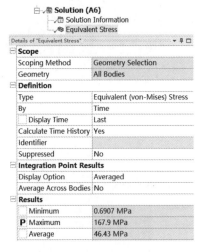

图 6-44　最大等效应力参数化

图 6-45　模型质量参数化

(38) 至此就完成了模型长、宽、高、圆角尺寸以及模型最大等效应力与质量的参数化，在 ANSYS Workbench 平台中双击 Parameter Set，如图 6-46 所示，就可以看到已经设定的所有输入与输出参数，如图 6-47 所示。

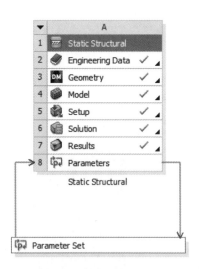

图 6-46　所有输入与输出参数

(39) 在 ANSYS Workbench 平台，添加响应面优化模块，如图 6-48 所示。

(40) 双击 B2 单元格，进入 Design of Experiments 实验设计。

(41) 进入实验设计后，单击展开 Design of Experiments，如图 6-49 所示。

Outline of All Parameters				
	A	B	C	D
1	ID	Parameter Name	Value	Unit
2	⊟　Input Parameters			
3	⊟ 🗔 Static Structural (A1)			
4	📭 P1	width	100	mm ▼
5	📭 P2	length	100	mm ▼
6	📭 P3	height	100	mm ▼
7	📭 P4	r	3	mm ▼
*	📭 New input parameter	New name	New expression	
9	⊟　Output Parameters			
10	⊟ 🗔 Static Structural (A1)			
11	🗗 P5	Equivalent Stress Maximum	167.9	MPa
12	🗗 P6	Geometry Mass	1.572	kg
*	🗗 New output parameter		New expression	
14	Charts			

图 6-47　输入与输出参数

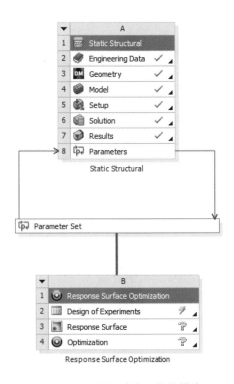

图 6-48　添加响应面优化模块

Outline of Schematic B2: Design of Experiments		
	A	B
1		Enabled
2	⊟ 🖋 Design of Experiments ⓘ	
3	⊟　Input Parameters	
4	⊟ 🗔 Static Structural (A1)	
5	📭 P1 - width	☑
6	📭 P2 - length	☑
7	📭 P3 - height	☑
8	📭 P4 - r	☑
9	⊟　Output Parameters	
10	⊟ 🗔 Static Structural (A1)	
11	🗗 P5 - Equivalent Stress Maximum	
12	🗗 P6 - Geometry Mass	
13	Charts	

图 6-49　展开 Design of Experiments

(42) 在 Properties of Outlines A2:Design of Experiments 中，将 Design of Experiments Type 设定为 Central Composite Design，即实验设计类型设定为 CCD 方法，如图 6-50 所示。

(43) 单击工具栏中的 Preview，可以预览到所有的设计点，如图 6-51 所示。

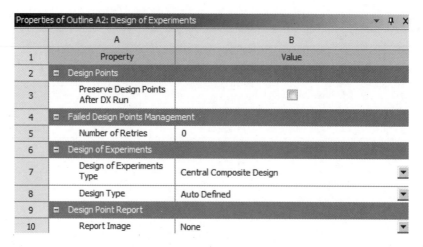

图 6-50　实验设计类型

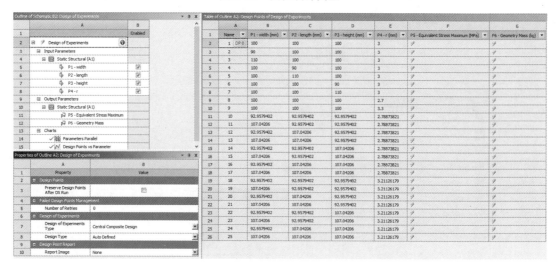

图 6-51　设计点预览

(44) 单击 Update 按钮，开始对所有设计点进行计算，如图 6-52 所示。

图 6-52　设计点计算

(45) 计算完成后显示所有设计点的计算结果，包含最大等效应力与质量，如图 6-53 所示。

(46) 在 ANSYS Workbench 平台中，双击 B3 单元格，建立响应面，如图 6-54 所示。

(47) 在 Outline of Schematic B3:Response Surface 中，选择 Response Surface。在 Properties of Outlines A2:Response Surface 中，设定 Response Surface Type 为 Genetic Aggregation。如图 6-55 所示。

(48) 单击 Update 生成响应面，如图 6-56 所示。

Table of Schematic B2: Design of Experiments (Central Composite Design : Auto Defined)

	A	B	C	D	E	F	G
1	Name	P1 - width (mm)	P2 - length (mm)	P3 - height (mm)	P4 - r (mm)	P5 - Equivalent Stress Maximum (MPa)	P6 - Geometry Mass (kg)
2	1　DP 0	100	100	100	3	167.9	1.572
3	2	90	100	100	3	151.1	1.493
4	3	110	100	100	3	187.5	1.65
5	4	100	90	100	3	188.8	1.414
6	5	100	110	100	3	150.8	1.729
7	6	100	100	90	3	184.3	1.493
8	7	100	100	110	3	176.4	1.65
9	8	100	100	100	2.7	191.9	1.571
10	9	100	100	100	3.3	168.4	1.572
11	10	92.96	92.96	92.96	2.789	190.1	1.358
12	11	107	92.96	92.96	2.789	225.3	1.461
13	12	92.96	107	92.96	2.789	162.2	1.564
14	13	107	107	92.96	2.789	192.3	1.682
15	14	92.96	92.96	107	2.789	190.9	1.461
16	15	107	92.96	107	2.789	222.4	1.563
17	16	92.96	107	107	2.789	163.1	1.682
18	17	107	107	107	2.789	190.1	1.8
19	18	92.96	92.96	92.96	3.211	183.3	1.358
20	19	107	92.96	92.96	3.211	201.7	1.461
21	20	92.96	107	92.96	3.211	156.3	1.564
22	21	107	107	92.96	3.211	172.1	1.682
23	22	92.96	92.96	107	3.211	171.1	1.461
24	23	107	92.96	107	3.211	213.5	1.564
25	24	92.96	107	107	3.211	146.2	1.682
26	25	107	107	107	3.211	182.5	1.801

图 6-53　设计点的计算结果

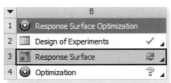

Response Surface Optimization

图 6-54　建立响应面

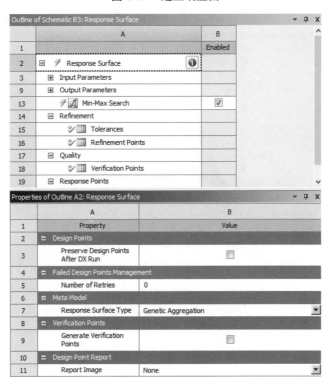

图 6-55　设置 Response Surface Type

图 6-56　生成响应面

(49) 响应面生成后，在 Outline of Schematic B3:Response Surface 中，单击 Response，并在 Properties of Outlines: Response 中，将 Mode 设定为 3D，如图 6-57 所示，就可以看到已经生成的响应面，如图 6-58 所示。

图 6-57　响应面设置

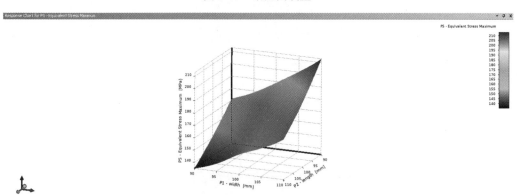

图 6-58　生成的响应面

(50) 在 ANSYS Workbench 平台中，双击 B4 单元格，进行响应面优化，如图 6-59 所示。

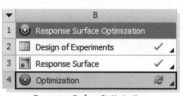

图 6-59　响应面优化

(51) 在 Outline of Schematic B4:Optimization 中，选择 Objectives and Constraints，设定优化目标与约束条件，如图 6-60 所示。

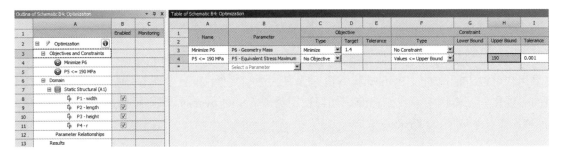

图 6-60 设定优化目标与约束条件

(52) 单击 Update 按钮，开始进行优化计算。

(53) 计算完成后，在 Outline of Schematic B4:Optimization 中，选择 Results，在右侧的 Table Schematic B4:Optimization 中可以看到优化后的设计点，如图 6-61 所示。后续可以使用优化后的设计点数据进行计算，生成优化模型的结果云图。

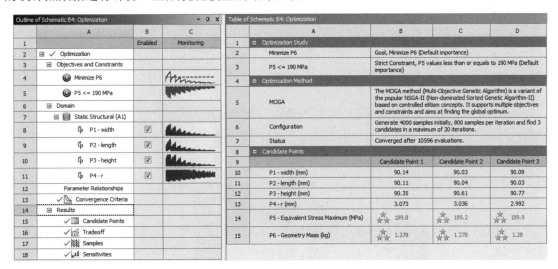

图 6-61 优化后的设计点

第7章 使用 Python 解析 ANSYS 计算结果

ANSYS 广泛用于工程数值模拟,它目前也提供了一个强大的 Python 库 pyansys,使得用户可以方便地通过 Python 脚本快速读取二进制文件(如.rst 文件)并进行计算结果的可视化。在本例中,我们将介绍如何使用 ANSYS 的 pyansys 库,解析并可视化 ANSYS 计算生成的.rst 结果文件。

7.1 实 例 介 绍

本实例使用一个门形支架模型,如图 7-1 所示,该模型在 ANSYS Workbench 中创建完成后,我们使用静态结构分析模块对其进行有限元分析,并生成.rst 文件作为结果输出。.rst 文件是一种二进制格式的文件,可存储 ANSYS 模拟计算的结果数据。

在解析.rst 文件的过程中,我们使用 pyansys 库中的函数和方法来读取文件,并提取其中的计算结果数据。这些数据包括应力、应变、位移等关键指标,反映了结构在给定条件下的响应。

pyansys 提供了强大的可视化功能,通过调用 pyansys 库中的可视化函数,我们可以将.rst 文件中的计算结果数据进行图形化展示。在本例中,我们生成了门型支架的位移分布图,可以直观地了解结构在受力条件下的性能表现。

综上所述,ANSYS 提供的 pyansys 库为用户提供了快速、灵活的方式来解析二进制文件并可视化计算结果。通过这种方法,用户可以更加高效地进行工程模拟和性能分析,更好地分享计算结果,从而更好地优化设计方案和提高产品质量。

图 7-1　门型支架模型

7.2 解 析 流 程

(1) 首先通过 ANSYS Workbench 中的 Static Structural 模块,对结构进行静态结构计算,并得到 file.rst 计算结果文件,该文件位于项目文件夹中,如图 7-2 所示。

node_export_files › dp0 › SYS › MECH

名称	修改日期	类型	大小
CAERep	2022/7/6 11:26	XML 文档	21 KB
CAERepOutput	2022/7/6 11:27	XML 文档	1 KB
ds	2022/6/21 14:51	DAT 文件	703 KB
file.cdb	2022/7/6 11:26	CDB 文件	864 KB
file.iges	2022/7/6 11:26	IGES 文件	4 KB
file.mntr	2022/6/21 14:51	MNTR 文件	1 KB
file	2022/6/21 14:51	Restructured Text 源文件	1,600 KB

图 7-2　计算结果文件

（2）通过 pip 安装 ansys-mapdl-core、ansys-mapdl-reader、pyansys、pyvista，如图 7-3 所示。Python 的安装方法不再赘述，读者可以在网络上自行查找。

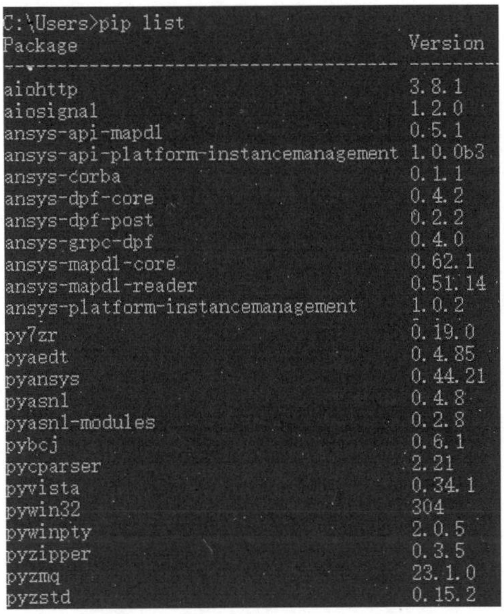

```
C:\Users>pip list
Package                                  Version
---------------------------------------- ---------
aiohttp                                  3.8.1
aiosignal                                1.2.0
ansys-api-mapdl                          0.5.1
ansys-api-platform-instancemanagement    1.0.0b3
ansys-corba                              0.1.1
ansys-dpf-core                           0.4.2
ansys-dpf-post                           0.2.2
ansys-grpc-dpf                           0.4.0
ansys-mapdl-core                         0.62.1
ansys-mapdl-reader                       0.51.14
ansys-platform-instancemanagement        1.0.2
py7zr                                    0.19.0
pyaedt                                   0.4.85
pyansys                                  0.44.21
pyasn1                                   0.4.8
pyasn1-modules                           0.2.8
pybcj                                    0.6.1
pycparser                                2.21
pyvista                                  0.34.1
pywin32                                  304
pywinpty                                 2.0.5
pyzipper                                 0.3.5
pyzmq                                    23.1.0
pyzstd                                   0.15.2
```

图 7-3　pip 安装 ansys 库

（3）使用 PyCharm 或者其他工具，将 reader 导入，并读取二进制的 file.rst 计算结果文件，并对其结果可视化的相关参数进行设置，具体代码如图 7-4 所示。

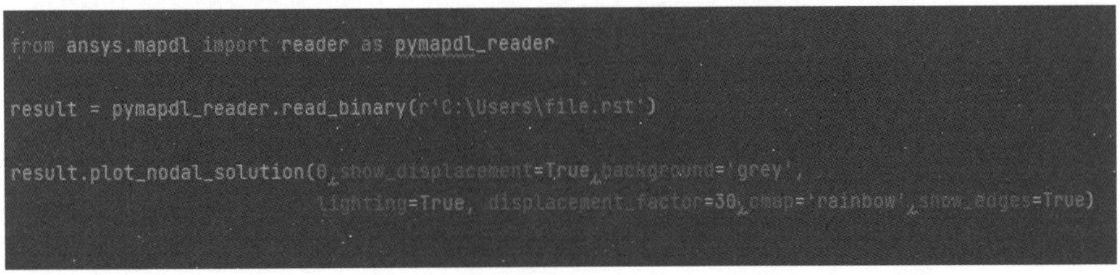

```
from ansys.mapdl import reader as pymapdl_reader

result = pymapdl_reader.read_binary(r'C:\Users\file.rst')

result.plot_nodal_solution(0, show_displacement=True, background='grey',
                           lighting=True, displacement_factor=30, cmap='rainbow', show_edges=True)
```

图 7-4　使用 python 解析.rst 文件

（4）运行代码，对.rst 文件进行解析，得到的模型位移云图如图 7-5 所示。

（5）在这个案例中，只是对一个结构稳态计算的.rst 文件进行了解析，快速得到了它的结果云图，其实 pyansys 还有很多功能，可以帮助我们去提高计算与后处理的效率，需要我们进一步地研究与应用。

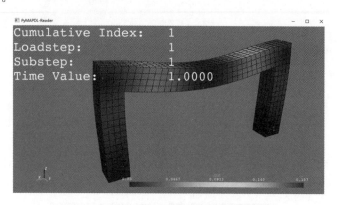

图 7-5 解析得到的结果云图

通过以上的实例介绍，我们可以看到 pyansys 在工程数值模拟中的应用价值。在实际工程应用中，我们可以使用 pyansys 来快速解析二进制计算结果文件、可视化结构性能表现，并且可以根据解析结果对结构进行优化设计，提高产品质量。

在未来的研究中，我们可以进一步探索 pyansys 库的高级功能和应用，例如，对多个结果文件进行批量处理和对比分析，将不同类型的结果数据进行集成和可视化，以及将 pyansys 与其他工程计算软件进行集成，实现更高效和智能的工程模拟和分析。

第 8 章　使用 Excel 实现 ANSYS 参数化快速计算

参数化分析是 ANSYS 的一个重要功能，它允许用户通过参数驱动仿真模型，来实现快速更改模型几何、拓扑、材料、网格、边界条件等设置，进而研究和优化不同设计方案下的产品性能。

在 ANSYS 的 Workbench 中，参数分为两种类型：输入参数和输出参数。输入参数为研究系统的几何形状数据或分析数据，例如模型尺寸参数、位置及拓扑参数，分析输入所需要的载荷与边界条件等参数。输出参数则是模型的信息或分析的响应输出。

在 ANSYS 的 DesignModeler 模块中，可以使用"参数"窗格来创建和管理参数。通过在模型中建立参数与模型尺寸或其他特征之间的关系，可以实现参数化驱动。对于 ANSYS 的其他应用程序，如 SpaceClaim、Meshing、Mechanical、Fluent、CFD-Post 等，同样可以定义和使用参数进行仿真分析和优化。

需要注意的是，在 ANSYS 中定义和使用参数时，需要遵循一定的规则和最佳实践。例如，为了保证参数的唯一性和准确性，参数名必须以字母或下划线开头，不能以数字开头。此外，参数值应该合理且符合实际工程情况，以确保仿真分析的准确性和有效性。

在此基础上，ANSYS Workbench 还提供了与 Microsoft Excel 交互的强大机制。通过这种交互机制，用户可以将 Microsoft Excel 中的参数直接传递给 ANSYS Workbench 平台，进而进行模型的参数化计算。这种交互的实现，使得用户可以更加便捷地进行仿真分析，并且大大提高了仿真的效率和准确性。

具体来说，用户可以在 Microsoft Excel 中定义模型的参数，并将这些参数与 ANSYS Workbench 中的仿真模型相关联，一旦参数设置完成，用户就可以通过 ANSYS Workbench 自动将计算结果传递回 Microsoft Excel。这样，Microsoft Excel 就成为了一个集成的仿真环境，用户可以在其中轻松实现模型参数的输入以及计算结果的读取。

这一功能不仅简化了仿真流程，还为用户提供了一个直观、可视化的界面，使用户能够更好地理解仿真过程和计算结果。同时，这也证明了 ANSYS Workbench 在与 Microsoft Excel 集成方面具有强大的能力，将为仿真计算带来更多的便利并提升仿真效率。

8.1　实例介绍

本实例使用一个悬臂梁模型，将悬臂梁的长度设定为可变的参数，悬臂梁的端面加载一个竖向载荷，所以悬臂梁的长度与竖向载荷是输入参数。悬臂梁由于这个竖向载荷产生的竖向变形量是输出参数。

8.2　解　析　流　程

(1)　启动 ANSYS Workbench，加载 Static Structural(静态结构分析)模块。

(2)　右键单击 A3 单元格，选择 New SpaceClaim Geometry，进入 SpaceClaim，建立悬臂梁几何模型。

(3)　首先在草图中创建一个二维矩形平面，作为悬臂梁的端面，尺寸为 10 mm×10 mm，如图 8-1 所示。

(4)　选择工具栏中的 Pull 拉伸功能，选中草图中的矩形并拖动鼠标对矩形进行拉伸，可以拉伸任意长度，释放鼠标结束拉伸，这时候会发现拉伸长度方向会出现一个 P。在左侧的 Groups 中单击 Create Prameter 按钮，创建一个参数，命名为

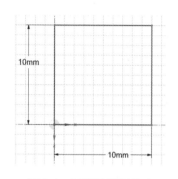

图 8-1　悬臂梁端面尺寸

length，可以在 P 左侧的方框中修改长度为 100 mm，当然也可以不修改，并不影响后续的参数化计算，如图 8-2 所示。本步骤主要完成悬臂梁三维模型的建模，并将其长度参数进行参数化，如果读者熟悉 ANSYS DesignModeler，也可以在 DesignModeler 中完成建模与参数化。

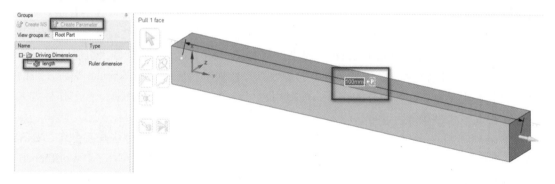

图 8-2　建模与参数化

(5)　完成建模后，可以直接进入 Model 进行模型约束与载荷的设定。悬臂梁左端面作为固定约束面，右端面加载一个沿着 Z 正方向的载荷，载荷值为 1000 N，如图 8-3 所示。

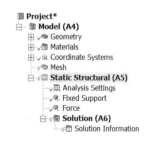
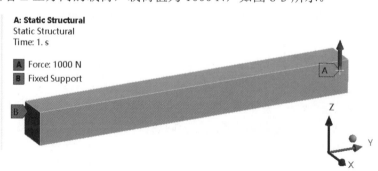

图 8-3　模型约束与载荷设定

（6）右端面加载的这个载荷，我们将其进行参数化，需要在 Details of "Force"中单击 Z Component 前面的方形框，使其出现 P，如图 8-4 所示。

（7）在 Solution 中，添加一个 Z 轴方向的位移结果，我们需要在后处理中，查看悬臂梁在载荷作用下在 Z 轴方向上的位移量，如图 8-5 所示。

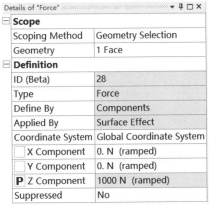

图 8-4　载荷参数化

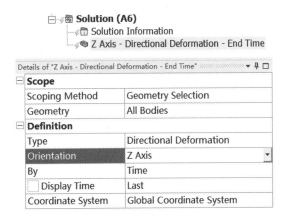

图 8-5　添加 Z 轴方向的位移结果

（8）设定完成后，可以对当前的模型进行计算，当前模型的长度为 100 mm，载荷为 1000 N，得到当前模型长度及载荷状态下的位移云图，如图 8-6 所示。同时，我们也可以在 Details of "Z Axis - Directional Deformation - End Time"中看到模型计算的结果，也就是 Results 中的 Minimum、Maximum、Average 值，单击 Maximum 前的方形框，使其出现 P，则完成对最大位移量的参数化。

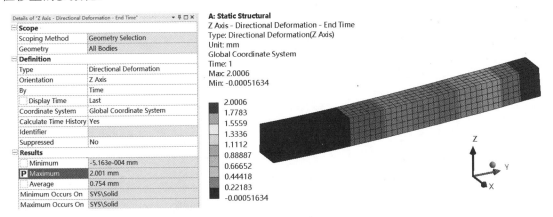

图 8-6　Z 轴方向位移云图及参数化结果

（9）退出 Model，回到 ANSYS Workbench 平台，在 Static Structural 中可以看到已经出现了 Parameter Set，同时计算结果也已更新，如图 8-7 所示。如果数据没有更新，如图 8-8 所示，则可以右键单击 A7 单元格，对其更新。

（10）双击 Parameter Set，进入当前模型的参数数据表，可以看到当前模型有两个输入参数，即 P1 和 P2，有一个输出参数，即 P3。

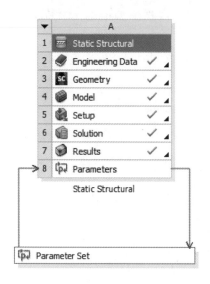

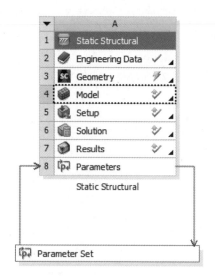

图 8-7　数据已更新　　　　　　　　　　　　　　图 8-8　数据还未更新

其中，P1 为悬臂梁的长度，当前长度为 100 mm，P2 为 Z 轴方向的载荷值，当前载荷值为 1000 N。P3 是 Z 轴方向最大位移量，当前计算得到的最大位移量为 2 mm，如图 8-9 所示。我们需要知道 P1、P2、P3 代表什么含义，这三个参数会写到后续的脚本文件中。

Outline of All Parameters				
	A	B	C	D
1	ID	Parameter Name	Value	Unit
2	⊟ Input Parameters			
3	⊟ 〓 Static Structural (A1)			
4	ℓp P1	length	100	mm ▾
5	ℓp P2	Force Z Component	1000	N ▾
*	ℓp New input parameter	New name	New expression	
7	⊟ Output Parameters			
8	⊟ 〓 Static Structural (A1)			
9	pⅎ P3	Z Axis - Directional Deformation - End Time Maximum	2.001	mm
*	pⅎ New output parameter		New expression	
11	Charts			

图 8-9　参数数据表

(11) 将项目文件进行保存，这里保存为 ex18.wbpj，后续的脚本文件需要读取这个文件。

(12) 目前已经完成了在 ANSYS 中的建模、参数化、计算工作。既然我们想实现在 Excel 中对参数化模型的快速计算，就需要在 Excel 中创建一个模型计算的交互界面，以方便我们对输入参数的修改，并读取计算结果。在本实例中，我们可以在 Excel 中修改悬臂梁的长度值和载荷值，更新计算后，悬臂梁的最大位移量就能在交互界面中更新显示。本实例使用 Excel 2013，创建一个简易的表格，其中 B3 单元格中为悬臂梁的长度值，C3 单元格中为端面载荷值，D3 单元格中为竖向(Z 轴方向)最大位移量，如图 8-10 所示。

	A	B	C	D
1	名称	悬臂梁的长度	端面载荷	竖向最大位移量
2	单位	mm	N	mm
3	输入输出参数	100	1000	
4				
5				
6				

图 8-10　计算表格界面

(13) 打开 Excel 的开发工具，插入一个按钮控件，如图 8-11 所示。

(14) 插入按钮控件后，可以将其移动到表格的任意位置，并修改其大小，如图 8-12 所示。当我们修改好悬臂梁的长度与载荷之后，单击这个按钮进行模型计算。当然也可以右键单击这个按钮控件，选择属性，并对属性中的 Caption 值进行任意修改，这里是将其修改为 ANSYS Workbench，如图 8-13 所示。

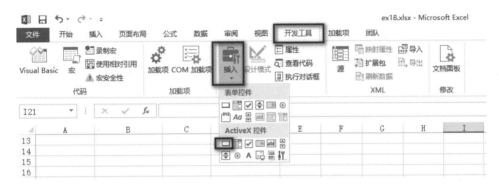

图 8-11　插入按钮控件

图 8-12　按钮控件　　　　图 8-13　修改按钮控件的 Caption 值

(15) 完成 Excel 交互界面后，将其保存为 ex18.xlsx 文件即可，后续的脚本文件需要读取这个文件。

(16)需要创建 Excel 与 ANSYS Workbench 进行通信的脚本文件，可以使用记事本创建，并将文件格式修改为.wbjn，然后保存到本地，保持本地目录名称为英文字符。在本实例中，将脚本文件 ex18.wbjn 保存在目录 E:\\cae_case\\FEA\ex18\\之下，该脚本文件的内容如下。

```
import clr
import os
clr.AddReference("Microsoft.Office.Interop.Excel")
import Microsoft.Office.Interop.Excel as Excel
workingDir = AbsUserPathName("E:\\cae_case\\FEA\ex18\\")
```

```
def updateHandler():
  ex.Application.DisplayAlerts = False
  lengthCell = worksheet.Range["B3"]
  loadCell = worksheet.Range["C3"]
  defCell = worksheet.Range["D3"]

  lengthParam = Parameters.GetParameter(Name="P1")
  loadParam = Parameters.GetParameter(Name="P2")
  defParam = Parameters.GetParameter(Name="P3")

  lengthParam.Expression = lengthCell.Value2.ToString()+ "[mm]"
  loadParam.Expression = loadCell.Value2.ToString() + " [N]"
  defCell.Value2="Updating..."
  Update()
  defCell.Value2 = defParam.Value
  ex.Application.DisplayAlerts = True
Open(FilePath = os.path.join(workingDir, "ex18.wbpj"))

ex = Excel.ApplicationClass()
ex.Visible = True
workbook = ex.Workbooks.Open(os.path.join(workingDir , "ex18.xlsx"))
worksheet=workbook.ActiveSheet

OLEbutton = worksheet.OLEObjects("CommandButton1")
commandButton = OLEbutton.Object
commandButton.CLICK += updateHandler
```

(17) 选择 File→Scripting→Run Script File，如图 8-14 所示，打开刚才创建完成的脚本文件 ex18.wbjn，ANSYS Workbench 读取脚本后，会自动打开 ex18.xlsx 文件，看到本实例项目的计算交互界面。

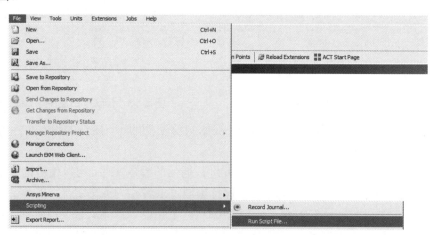

图 8-14　运行脚本文件

(18) 将悬臂梁的长度修改为 200 mm，将端面载荷修改为 500 N，单击 ANSYS Workbench 按钮，则 ANSYS Workbench 在后台开始计算，D3 单元格中显示"Updating..."，表示计算正在进行中，如图 8-15 所示。

	A	B	C	D
1	名称	悬臂梁的长度	端面载荷	竖向最大位移量
2	单位	mm	N	mm
3	输入输出参数	200	500	Updating...
4				
5		ANSYS Workbench		
6				

图 8-15　输入参数修改并计算

(19) 计算完成后，D3 单元格中的数据更新，其最大位移量为 7.985 5 mm，如图 8-16 所示。

	A	B	C	D
1	名称	悬臂梁的长度	端面载荷	竖向最大位移量
2	单位	mm	N	mm
3	输入输出参数	200	500	7.985503674
4				
5		ANSYS Workbench		
6				

图 8-16　输出数据更新

(20) 可以进入后处理模块，验证当前 Excel 表格中的输出数据是否正确。在后处理中，可以发现悬臂梁模型的长度已经更新为 200 mm，同时其 Z 轴方向的最大位移量为 7.985 5 mm，如图 8-17 所示。由此可见，ANSYS Workbench 传递给 Excel 的结果数据完全正确。

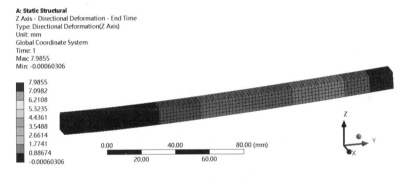

图 8-17　模型后处理

所以，通过建立 Excel 与 ANSYS Workbench 之间的通信，就可以快速地在 Excel 中对输入参数进行修改，并得到输出参数，从而大幅度提升参数化模型的计算效率。这是一种基于 Excel 对 ANSYS Workbench 进行二次开发的方法，工程师可以使用一个定制化的可视化界面，对仿真流程进行固化，以提升工作效率。

第 9 章　几个有用的小技巧

9.1　在 SpaceClaim 中修改模型的 坐标系位置

对于一些二维模型以及相对简单的三维模型，我们可以直接在 ANSYS SpaceClaim 中进行建模，然后使用相对应的计算模块，进行后续的模型边界条件处理并计算。

然而，对于一些复杂的三维模型，我们更倾向于使用专业的三维设计软件进行建模。在建模完成后，我们会将模型文件导出为中间格式，例如.stp 格式的文件。接着，我们会将这个.stp 格式的文件导入 ANSYS SpaceClaim 中，以进行模型的检查和前处理工作。在完成这些步骤之后，我们会使用对应的计算模块进行计算。

在这个过程中，可能会存在一个问题，即外部三维设计软件建模过程中建立的模型坐标系位置并不一定能满足仿真需要，而一个合适的坐标系位置，对于我们更好地进行模型的边界条件设定和后处理是非常重要的，所以需要对模型的坐标系位置进行调整。

9.1.1　实例介绍

在 ANSYS SpaceClaim 中，可以使用坐标系移动的功能，来满足我们的需要。在这个实例中，我们首先在三维设计软件 Inventor 中建立了一个三维模型，如图 9-1 所示。模型为一块平板，中心位置有通孔，将该模型导出为.stp 格式的文件。

图 9-1　实例模型

9.1.2　流程介绍

(1)　启动 ANSYS Workbench，加载 Geometry 模块。

(2)　右键单击 A2 单元格，选择 Import Geometry→Browse，弹出"文件选择"对话框，选择几何模型文件 ex19\ex19.stp。

(3)　双击 A2 单元格，进入 SpaceClaim。

(4)　进入 SpaceClaim 之后，可以看到模型的默认坐标系位置在平板的角部顶点位置，如

图 9-2 所示。

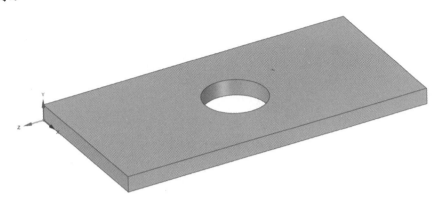

图 9-2　模型默认坐标系位置

（5）我们希望将这个坐标系位置调整到平板的通孔中心，用鼠标左键三击平板模型，则平板实体模型整体都被选中，如图 9-3 所示。

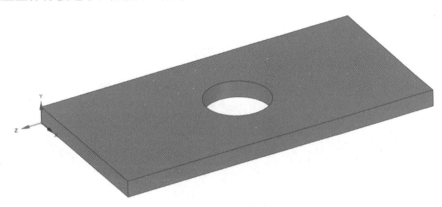

图 9-3　选中模型

（6）在工具栏中选择 Design 下的 Move 功能，如图 9-4 所示。

图 9-4　选择 Move

（7）选择 Move 功能之后，平板模型上会出现一个可拖动的活动坐标系，此时就可以将其拖到通孔中心位置，如图 9-5 所示。

（8）单击左侧工具栏下方的 UP TO 按钮，它可以将目标移动到我们设定的位置，如图 9-6 所示。

（9）最后需要单击平板模型中的原始坐标系，如图 9-7 中红圈内的坐标系，选中该坐标系后，即最终确认对原始坐标系位置的修改。

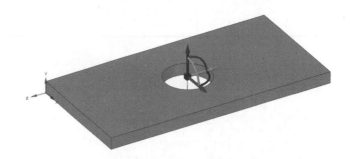

图 9-5　坐标系位置移动

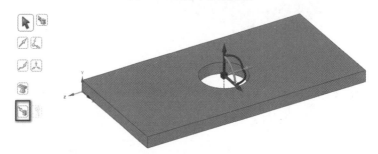

图 9-6　通过 UP TO 按钮移动坐标系

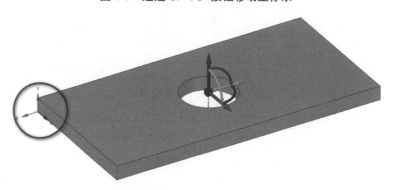

图 9-7　坐标系修改位置确认

(10) 确认之后，就可以看到模型的坐标系位置已经调整到中心通孔位置了，如图 9-8 所示。修改完成之后，就可以将这个模型导入相应的计算模块进行边界条件设定并进行计算了。

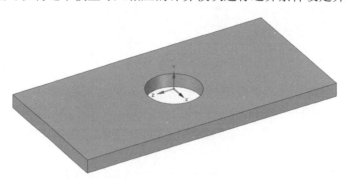

图 9-8　坐标系位置修改完成

9.2　如何建立结构瞬态传热初始温度场

9.2.1　实例介绍

在 ANSYS Workbench 中，可以使用 Steady-State Thermal 模块进行结构稳态传热计算，使用 Transient Thermal 模块进行结构瞬态传热计算，也就是计算在一段时间内，模型的温度变化过程。

对于瞬态传热问题，是需要对模型的初始温度场进行设定的，也就是这个模型在初始状态下，它的温度分布是什么样的，后续的传热算是根据这个初始温度场进行计算的。

在本实例中，使用三种方法，对模型瞬态热传计算的初始温度进行定义。

如果模型所有节点在初始状态下，其节点温度都是统一的，则可以直接使用 ANSYS Workbench 的 Transient Thermal 模块中的初始温度定义功能，给模型设定一个初始温度值。

如果模型的节点温度并不统一，也就是模型在初始状态下存在一个温度场分布，在这种情况下，我们就必须先得到这个温度场，然后把温度赋值给模型中对应位置的节点。如果我们了解该模型初始条件下的温度边界条件，则可以使用 ANSYS Workbench 中的 Steady-State Thermal 模块将模型初始状态下的温度场计算出来，然后使用 Transient Thermal 模块读取 Steady-State Thermal 模块计算得到的温度场，作为瞬态传热的初始温度场，就可以进行后续的瞬态传热计算了。

如果模型的初始温度场是由其他软件工具计算得到，并得到了一张节点对应的温度数据表，我们也可以直接将这类数据表导入 ANSYS Workbench 中，作为 Transient Thermal 模块的瞬态传热的初始温度场。

9.2.2　流程介绍

(1) 启动 ANSYS Workbench，加载 Transient Thermal(瞬态热分析模块)。

(2) 右键单击 A3 单元格，选择 Import Geometry→Browse，弹出"文件选择"对话框，选择几何模型文件 ex20\ex20.stp。

(3) 双击 A4 单元格，进入瞬态热分析模块。

(4) 进入模块之后，在左侧模型树中可以看到 Transient Thermal 下有 Initial Temperature，在 Initial Temperature Value 中就可以设定模型的初始温度了，比如设定为 100 ℃，如图 9-9 所示。

通过这个方法，可以快速地对模型的初始温度进行定义，然后就可以设定模型的热边界条件、时间步等参数，并对其进行瞬态传热计算，这里不再赘述。

(5) 如果模型的节点温度并不统一，那就不能直接对其定义 Initial Temperature Value，需要使用 ANSYS Workbench 中的 Steady-State Thermal 模块将模型初始

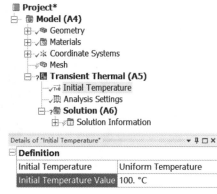

图 9-9　设定模型初始温度值

状态下的温度场计算出来。返回到 ANSYS Workbench 平台,加载一个 Steady-State Thermal 稳态热分析模块。

(6) 右键单击 B3 单元格,选择 Import Geometry→Browse,弹出"文件选择"对话框,选择几何模型文件 ex20\ex20.stp。

(7) 双击 B4 单元格进入稳态热分析模块。

(8) 进入稳态热分析模块之后,在模型的左侧面添加一个 Temperature 温度边界,设定其温度为 100 ℃,如图 9-10 所示。

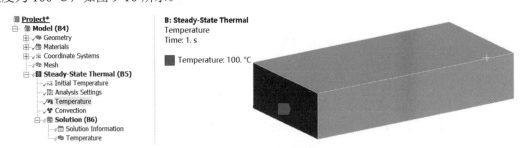

图 9-10　添加温度边界

(9) 为模型其他 5 个表面添加一个对流换热边界,如图 9-11 所示。

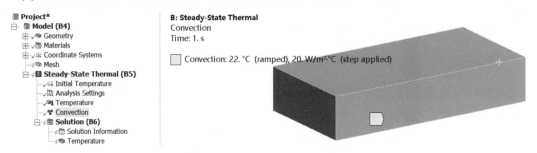

图 9-11　添加对流换热边界

(10) 网格自动划分,同时进行求解计算,得到模型的稳态温度场,如图 9-12 所示。

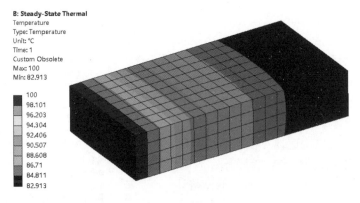

图 9-12　稳态温度场

(11) 计算得到模型的稳态温度场后,就可以将这个温度场数据传递给瞬态热分析模型,作为瞬态传热分析的初始温度场。返回到 ANSYS Workbench 平台,将一个 Transient Thermal 模块拖入 B6 单元格中，这个 Transient Thermal 模块就可以读取稳态计算中的几何模型与计算结果，如图 9-13 所示。

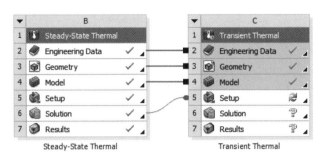

图 9-13 稳态与瞬态热分析模块

(12) 双击 C5 单元格，进入瞬态热分析模块。

(13) 进入瞬态热分析模块之后，在左侧的模型树中可以看到 Transient Thermal 下同样存在 Initial Temperature，在 Initial Temperature Environment 中，已经将 Steady-State Thermal 的温度数据传递进来了，如图 9-14 所示。

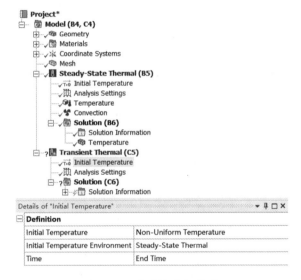

图 9-14 稳态温度场传递

通过这个方法，就可以通过稳态传热计算得到模型的稳态温度场，然后将其传递给瞬态热分析模块，作为瞬态传热计算的初始温度场，后续完成对模型的热边界条件、时间步等参数的设定，对其进行瞬态传热计算，这里不再赘述。

(14) 如果模型的初始温度场是由其他软件工具计算得到，并得到了一张节点对应的温度数据表，可以使用 ANSYS Workbench 中的 External Data，将外部的数据表导入，并将数据表中的温度数据传递给瞬态热分析模块，作为瞬态传热计算的初始温度场。返回到 ANSYS Workbench 平台，加载一个新的 Steady-State Thermal 模块，然后再加载一个 External Data 模块，并将 External Data 模块的 Setup 连入到 Steady-State Thermal 模块的 Setup，如图 9-15 所示。

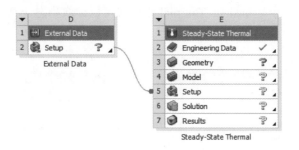

图 9-15　External Data 模块加载

(15) 双击 D2 单元格进入 External Data，在 Outline of Schematic D2: 中，可以在 Location 中将外部的数据表 ex20.xls 文件导入，如图 9-16 所示，这个数据表中包含了节点的 ID 号、节点坐标值，以及节点温度值。

Outline of Schematic D2 :					
	A	B	C	D	E
1	Data Source	Location	Identifier	Master	Description
2	E:\ex20.xls	...	File1	⊙	
3	Click here to add a file	...			

图 9-16　导入数据表

(16) 导入数据表之后，在 Outline of Schematic D2: 的 Data Source 中，选中 E:\ex20.xls，也就是选中导入的数据文件，然后就可以在 Properties of File-E:\ex20.xls 中对这个数据文件的类型与单位进行设定。在这里，设定 Start Import At Line 为 2，也就是从数据表的第 2 行进行导入，将 Length Unit 设定为 m，也就是数据表中的坐标值采用米制单位，如图 9-17 所示。

Properties of File - E:\ex20.xls			
	A	B	C
1	Property	Value	Unit
2	⊟ Definition		
3	Dimension	3D	
4	Start Import At Line	2	
5	Format Type	Delimited	
6	Delimiter Type	Tab	
7	Delimiter Character	Tab	
8	Length Unit	m	
9	Coordinate System Type	Cartesian	
10	Material Field Data	☐	
11	⊟ Analytical Transformation		
12	X Coordinate	x	
13	Y Coordinate	y	
14	Z Coordinate	z	
15	⊟ Rigid Transformation		
16	Origin X	0	m

图 9-17　数据表设定

(17) 在 Table of File-E:\ex20.xls:Delimiter- 'Tab' 中，对数据表中每一列的数据进行设定，共 5 列数据，分别为节点的 ID 号、X 坐标值、Y 坐标值、Z 坐标值、节点温度值，同时需要设定温度单位，如图 9-18 所示。

Table of File - E:\ex20.xls : Delimiter - 'Tab'				
	A	B	C	D	E
1	Column ▼	Data Type ▼	Data Unit ▼	Data Identifier ▼	Combined Identifier ▼
2	A	Node ID ▼			File1
3	B	X Coordinate ▼	m		File1
4	C	Y Coordinate ▼	m		File1
5	D	Z Coordinate ▼	m		File1
6	E	Temperature ▼	C ▼	Temperature1	File1:Temperature1

图 9-18　列数据类型设定

(18) 当完成列数据类型的定义之后，就可以在 Preview of File-E:\ex20.xls 中预览从外部导入的这个数据文件了，如图 9-19 所示。

Preview of File - E:\ex20.xls				
	A	B	C	D	E
1	Node ID	X Coordinate	Y Coordinate	Z Coordinate	Temperature
2	1	9.5e-002	1.5e-002	-5.e-003	83.21
3	2	9.5e-002	1.e-002	-5.e-003	83.24
4	3	9.5e-002	5.e-003	-5.e-003	83.21
5	4	9.5e-002	1.5e-002	-1.e-002	83.29
6	5	9.5e-002	1.e-002	-1.e-002	83.31
7	6	9.5e-002	5.e-003	-1.e-002	83.29
8	7	9.5e-002	1.5e-002	-1.5e-002	83.34
9	8	9.5e-002	1.e-002	-1.5e-002	83.36
10	9	9.5e-002	5.e-003	-1.5e-002	83.34
11	10	9.5e-002	1.5e-002	-2.e-002	83.37

图 9-19　数据预览

(19) 返回到 ANSYS Workbench 平台，右键单击 External Data 下的 D2 单元格中的 Setup，对其进行更新，然后右键单击 Steady-State Thermal 下 E3 单元格中的 Geometry，导入几何模型 ex20.stp，双击 Steady-State Thermal 下的 Model 进入稳态热分析模块，如图 9-20 所示。

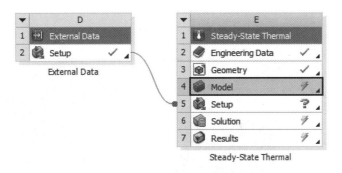

	D			E
1	⊞ External Data		1	Steady-State Thermal
2	Setup ✓		2	Engineering Data ✓
			3	Geometry ✓
	External Data		4	Model ⚡
			5	Setup ?
			6	Solution ⚡
			7	Results ⚡
				Steady-State Thermal

图 9-20　数据更新与模型导入

(20) 进入稳态热分析模块之后，在左侧的模型树中，出现了 Imported Load 功能，右键单击模型树节点 Imported Load，插入一个温度，如图 9-21 所示。

(21) 在 Details of "Imported Temperature"的 Scope 中，选择整个模型作为模型对象，如图 9-22 所示。

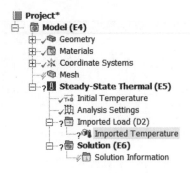

图 9-21　插入温度

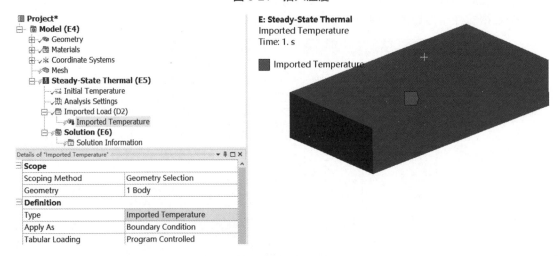

图 9-22　选择模型对象

（22）右键单击模型树节点 Imported Temperature，选择 Import Load，就可以对外部的温度数据进行导入了。关闭 Show Mesh 功能，就可以看到外部数据表中的节点温度值已经导入当前的模型中了，如图 9-23 所示。

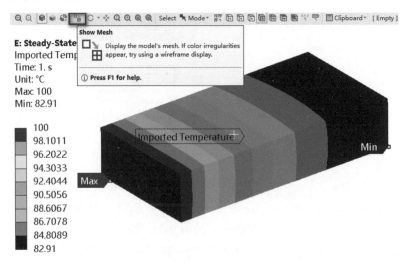

图 9-23　数据导入

(23) 外部的数据成功导入后，就可以返回到 ANSYS Workbench 平台，将一个 Transient Thermal 模块拖入 Steady-State Thermal 的 E6 单元格中，如图 9-24 所示。这个 Transient Thermal 模块可以读取稳态计算中的几何模型与计算结果，后续瞬态计算内容不再赘述。

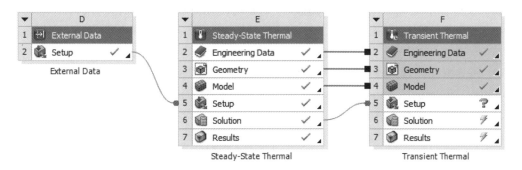

图 9-24　外部数据与稳态瞬态热分析模块

9.3　瞬态传热后处理

ANSYS Workbench 的 Transient Thermal 瞬态热分析模块可以处理复杂的瞬态传热问题，包括辐射、对流、传导以及它们之间的相互作用，比如想要了解一个电子设备在特定工作条件下的温度随着时间的推移而产生的变化，或者想要确定一个机械零件在特定时间点的热应力，就可以使用该模块进行结构瞬态传热计算。

Transient Thermal 瞬态热分析模块的后处理过程提供了丰富的工具，可以轻松地建立节点温度随时间变化的曲线，这非常有助于理解传热过程以及特定时间点的热量分布。

9.3.1　实例介绍

在本实例中，使用一个结构模型，如图 9-25 所示，对其进行结构瞬态传热计算，在后处理中，提取节点并得到该节点温度随时间变化的曲线。

图 9-25　结构模型

9.3.2　流程介绍

（1）启动 ANSYS Workbench，加载 Transient Thermal(瞬态热分析)模块。

（2）右键单击 A3 单元格，选择 Import Geometry→Browse，弹出"文件选择"对话框，选择几何模型文件 ex21\ex21.stp。

（3）双击 A4 单元格，进入瞬态热分析模块。

（4）进入瞬态热分析模块之后，在左侧的模型树中可以看到 Transient Thermal 下有 Initial Temperature，在 Initial Temperature Value 中设定整个模型的初始温度为 60 ℃，如图 9-26 所示。

（5）单击模型树节点 Analysis Settings，需要对本次瞬态计算的时间步控制进行简单设定。在 Details of "Analysis Settings"中设定计算时间为 1800 s，并设定初始时间步长、最小时间步长、最大时间步长，如图 9-27 所示。

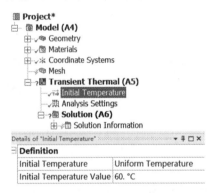

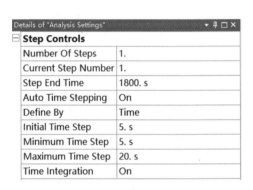

图 9-26　模型初始温度设定　　　　　　　　图 9-27　时间步设定

（6）右键单击模型树节点 Transient Thermal，添加一个 Convection 对流换热边界，选择模型外弧面作为对流换热面，设定对流换热系数为 20 W/m²℃，环境温度为 30 ℃，如图 9-28 所示。

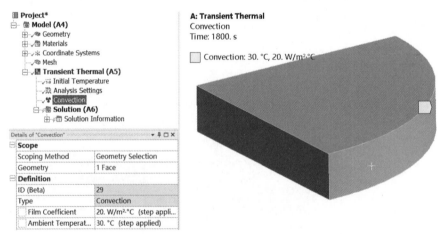

图 9-28　设置对流换热边界

（7）本次计算使用自动划分网格，用户可以对网格进行加密控制处理。右键单击模型树节点 Steady-State Thermal 下的 Solution，选择 Solve 进行计算。计算完成后，右键单击模型树节点 Solution，选择 Insert→Thermal→Temperature，得到整个模型的温度场，如图 9-29 所示，该温度场为模型在 1800 s 时的温度分布。

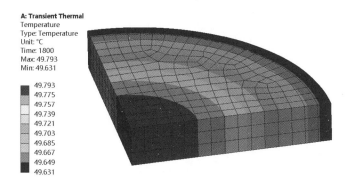

图 9-29　模型温度场

(8)　在 Solution Infomation 中，可以看到已经自动生成模型的最大温度随时间变化的曲线 Temperature-Global Maximun，如图 9-30 所示。通过这条曲线，可以直观地看到模型最大温度的变化过程。

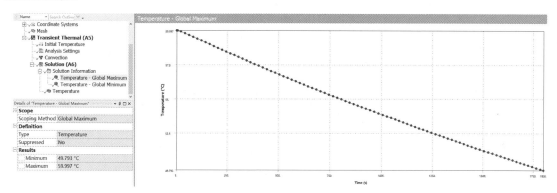

图 9-30　模型最大温度变化曲线

(9)　如果我们关注的是某个节点的温度是如何变化的，那就需要单独选取该节点，并对其进行后处理。右键单击模型树节点 Solution，选择 Insert→Thermal→Temperature，插入模型的温度结果，在 Details of "Temperature 2" 中需要指定 Geometry 对象，使用顶点选择功能选择模型中线位置的顶点，作为模型对象，如图 9-31 所示。

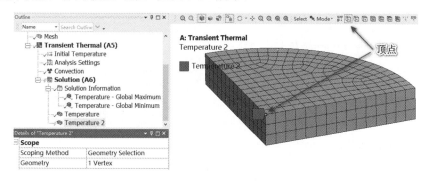

图 9-31　选择顶点对象

(10) 右键单击模型树节点 Temperature 2，选择 Evaluate All Results，得到 Temperature 2 相应的计算结果。在 Graph 中已经生成该顶点的温度从 0 s～1800 s 的变化曲线，如图 9-32 所示。

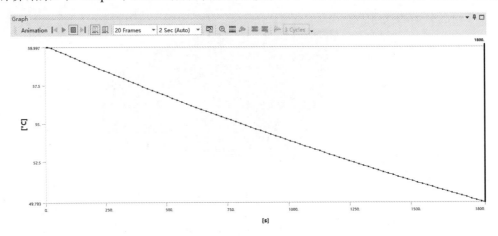

图 9-32　顶点温度变化曲线

同时，在 Tabular Data 中，可以查询该点在每一个时间步中的具体温度值，如图 9-33 所示。

	Time [s]	Minimum [°C]	Maximum [°C]
1	5.	59.997	59.997
2	10.	59.989	59.989
3	25.	59.921	59.921
4	45.	59.8	59.8
5	65.	59.667	59.667
6	85.	59.531	59.531
7	105.	59.394	59.394
8	125.	59.258	59.258
9	145.	59.121	59.121
10	165.	58.986	58.986

图 9-33　温度数据表

(11) 单击 Solution 下的 Temperature 2，也就是选中刚才生成的顶点温度结果，然后在工具栏中选择 Chart 功能，则会在左侧的模型树中增加一个 Chart，如图 9-34 所示。

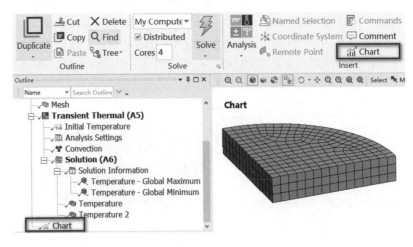

图 9-34　增加的 Chart

(12) 在 Details of "Chart"中，可以对这个 Chart 进行相应的控制，比如是否以点、线、点线绘制曲线，是否增加网格线，设定 X 轴、Y 轴标签等，如图 9-35 所示。

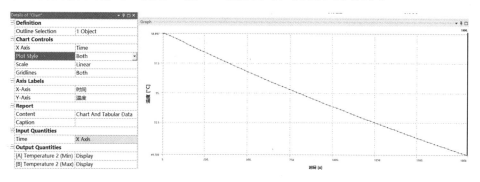

图 9-35　Chart 详细控制

通过对这类曲线的绘制，可以更好地对模型在时间历程中的各类响应进行更直观的表达，有助于更好地了解各类边界条件对模型的影响。

9.4　模型后处理中的透明显示方法

通过 ANSYS Workbench 进行结构计算之后，可以通过后处理生成模型的结果云图。对于由多个部件组成的模型，统一展示所有部件的结果云图是可行的。然而，对于模型中局部区域的场分布，整体云图可能无法提供充分的细节。

在这种情况下，我们选择对特定局部部件进行后处理云图显示。可以通过选择一个或多个部件来展示结果云图，同时将其他不需要展示的部件进行透明阴影处理。这种方法可以在保持整体模型结构位置的同时，有效地呈现出局部模型的场分布。

通过上述方法，我们可以更准确地分析和评估模型中特定区域的性能，从而更好地优化设计。这种细致的后处理方法对于复杂模型的处理和评估具有重要的实际意义。

9.4.1　实例介绍

在本实例中，使用一个门形框架结构模型，如图 9-36 所示，模型由 3 个零件组成，分别是立柱 1、立柱 2 以及横梁。在后处理中，可以对 3 个零件分别进行云图展示及透明处理。

图 9-36　门形框架结构模型

9.4.2 流程介绍

(1) 启动 ANSYS Workbench，加载 Static Structural(静态结构分析)模块。

(2) 右键单击 A3 单元格，选择 Import Geometry→Browse，弹出"文件选择"对话框，选择几何模型文件 ex22\ex22.stp。

(3) 双击 A4 单元格，进入静态结构分析模块。

(4) 进入静态结构分析模块之后，在模型树节点 Connections→Contacts 中已经自动生成了两组接触对，接触类型为绑定接触，如图 9-37 所示，这是由于导入的门形框架模型由 3 个零件组成，零件之间并没有设置共享拓扑，所以自动生成了绑定接触对，这里不需要修改，直接使用这两个绑定接触对就可以了。当然，如果在几何建模过程中，提前为这 3 个零件建立了共享拓扑，那么当模型导入静态结构分析模块后，软件就不会再建立绑定接触了。对于这个简单的门形框架模型，这两种处理方法都是可以的，但对于一些复杂的装配模型，就需要根据实际情况选择合适的方法了。

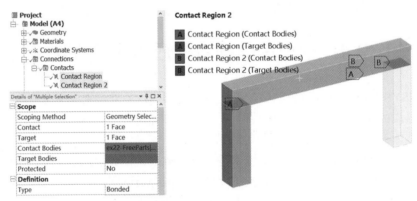

图 9-37 绑定接触

(5) 模型整体划分 2 mm 网格，左右两个立柱底部添加固定约束，横梁上表面加载竖直向下的 1000N 载荷，如图 9-38 所示。

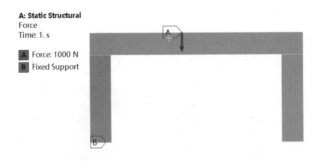

图 9-38 约束与载荷设定

(6) 完成约束与载荷的设定，就可以对模型进行求解。求解完成后，对模型进行后处理，如果选择模型整体为模型对象，就可以得到模型整体的等效应力云图，如图 9-39 所示。

(7) 当然，也可以只选择其中的一个零件作为模型对象，比如在本实例中，只选择横梁作为模型对象，得到横梁的等效应力云图，如图 9-40 所示。

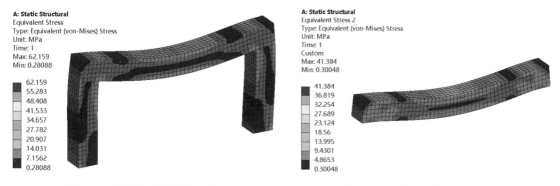

图 9-39 整体模型的等效应力云图   图 9-40 横梁的等效应力云图

(8) 横梁的等效应力云图可以比较直观、清楚地展示横梁本身的等效应力分布,但是对于一些装配件较多的装配模型,需要其不仅能清楚地展示零件本身的场分布,还能展示零件在装配模型中的具体位置。

比如在本实例中,只需要在后处理时,在 Result 工具栏中选择 All bodies,如图 9-41 所示。这里可以只选择横梁模型,并展示其等效应力,同时将两个立柱模型做透明阴影处理,这样就能在保持整体模型结构位置的前提下,将局部模型的场分布呈现出来。

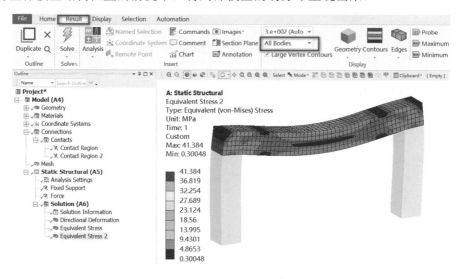

图 9-41 局部模型展示与透明处理

9.5 使用命令流快速导出计算结果

ANSYS Workbench 的后处理功能堪称强大至极,能够以云图、图表等形式快速呈现各类结果。然而,在某些特定情况下,仅仅了解结果云图是远远不够的。此时,我们需要获取每个单元的详细信息以及每个节点的计算结果,包括拓扑关系、等效应力值、位置值以及温度值等,并将这些数据整理成一张详细的数据表。那么这些数据究竟有何用处呢?

其实,这些数据可以用于更深入的数据分析,通过系统地探究这些结果数据,可以发现更多潜在的可能性,更好地了解仿真结果,进而优化设计方案、提升产品性能、支持方案决策。

此外，这些数据还可用于进一步的结果可视化工作。例如，利用诸如 WebGL 等先进的开发工具，我们可以建立基于 Web 的仿真结果可视化应用，以便更直观地展示仿真结果。值得注意的是，这些数据还具备一定的机器学习价值，结合使用 Unity3D、UE 等开发引擎，能够建立起一套基于数值仿真模型的数字孪生系统。通过这类系统，可以实现仿真结果的实时监控与预测，为企业提供前所未有的洞察与决策支持，数字孪生系统还能够帮助企业实现产品性能的实时优化与预测性维护，从而降低成本、提高生产效率。

9.5.1 实例介绍

在本实例中，使用一个简易的悬臂梁结构模型进行结果数据导出工作，结构模型如图 9-42 所示。

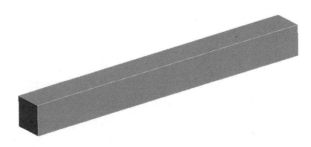

图 9-42 悬臂梁结构模型

9.5.2 手动导出计算结果与单元信息

(1) 启动 ANSYS Workbench，加载 Static Structural(静态结构分析)模块。

(2) 右键单击 A3 单元格，选择 Import Geometry→Browse，弹出"文件选择"对话框，选择几何模型文件 ex23\ex23.stp。

(3) 双击 A4 单元格，进入静态结构分析模块。

(4) 模型整体划分 2 mm 网格，模型左端面添加固定约束，右端面加载竖直向下的 1000 N 载荷，如图 9-43 所示。

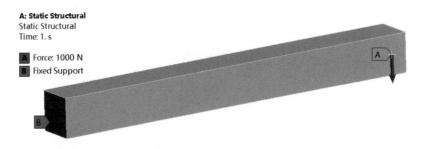

A: Static Structural
Static Structural
Time: 1. s

A Force: 1000 N
B Fixed Support

图 9-43 约束与载荷设定

(5) 完成约束与载荷的设定，就可以对模型进行求解。求解完成后，对模型进行后处理，选择模型整体为模型对象，得到模型在竖直方向(Y 轴方向)上的位移云图，如图 9-44 所示。

(6) 这个时候如果我们想要知道模型上所有单元节点上的位移值，可以在左侧的模型树节点中选择 Solution→Directional Deformation→Export→Export Text File，直接导出模型的位移计算结果，如图 9-45 所示。

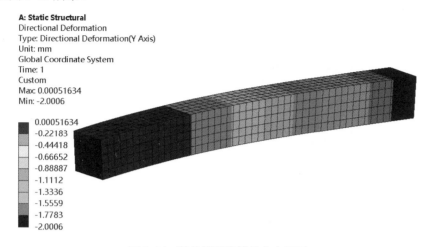

图 9-44　整体模型的等效应力云图

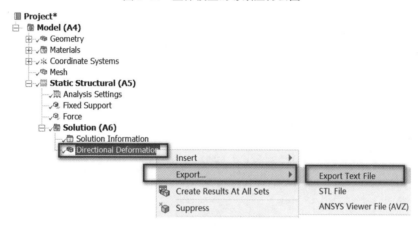

图 9-45　结果导出命令

导出的文件为.xls 文件，文件中包含了模型中的所有节点数据，每个节点数据包含了节点号，节点的 X、Y、Z 坐标值，以及节点的竖直方向位移量，如图 9-46 所示。如果后处理中得到的是模型的等效应力云图，使用同样的方法，同样可以导出模型所有节点的等效应力数据表。

	A	B	C	D	E
1	Node Number	X Location (mm)	Y Location (mm)	Z Location (mm)	Directional Deformation (mm)
2	1	2	2	-8	-1.94
3	2	2	4	-8	-1.94
4	3	2	6	-8	-1.94
5	4	2	8	-8	-1.94
6	5	4	2	-8	-1.88
7	6	4	4	-8	-1.88
8	7	4	6	-8	-1.88
9	8	4	8	-8	-1.88
10	9	6	2	-8	-1.821

图 9-46　导出的结果数据表

(7)　如果我们还想得到模型中每个单元的拓扑关系，也就是每个单元由哪些节点组成，可以进入 APDL 查询该类信息。需要回到 ANSYS Workbench 平台，将一个 Mechanical APDL 拖入 A4 单元格中，右键单击 Model 对其进行更新，然后右键单击 B2 单元格，并选择 Edit in Mechanical APDL 进入 APDL，如图 9-47 所示。

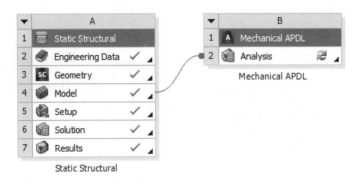

图 9-47　Mechanical APDL

(8)　选择 List→Element→Nodes+Attributes 命令，就可以得到 ELIST，这张表中包含了所有单元的信息，每个单元由哪些节点组成以及单元与节点信息，如图 9-48 所示，可以将这张表导出。(补充：本项目存储目录仅包含英文字母)

```
A  ELIST   Command
File

LIST ALL SELECTED ELEMENTS.  (LIST NODES)

ELEM MAT TYP REL ESY SEC      NODES

   1   1   1   1   0   1      1 1579 1590 1592  980 1586 1591 1788
                          1841 6242 6259 1842 5040 6251 6260 5041
                          1840 6241 6258 6263
   2   1   1   1   0   1      1 1592 1590 1579    2 1641 1589 1575
                          1842 6259 6242 1841 1847 6257 6234 1846
                          1837 6262 6256 6233
   3   1   1   1   0   1      2 1641 1589 1575    3 1690 1588 1571
                          1847 6257 6234 1846 1852 6255 6226 1851
                          1843 6408 6254 6225
   4   1   1   1   0   1      3 1690 1588 1571    4 1739 1587 1567
                          1852 6255 6226 1851 1857 6253 6218 1856
                          1848 6505 6252 6217
   5   1   1   1   0   1      4 1739 1587 1567  981 1225 1226 1227
                          1857 6253 6218 1856 5044 5584 5586 5045
```

图 9-48　ELIST 数据表

9.5.3　使用 APDL 命令流快速导出计算结果与单元信息

(1)　通过以上的流程，就可以通过 ANSYS 的 GUI 菜单，将模型结果数据与单元节点信息导出。但这个流程是比较烦琐的，而使用 APDL 命令流能够快速地将以上信息导出。

可以在模型树中，右键单击 Solution，选择 Insert→Commands，如图 9-49 所示。

(2)　在 Commands 编辑框中写入相应的命令流，通过 prnsol 命令来输出节点位移结果与应力结果，通过 nlist、ELIST 命令来输出单元节点信息，如图 9-50 所示。命令流相关的详细信息可以参考 ANSYS 的帮助文档。

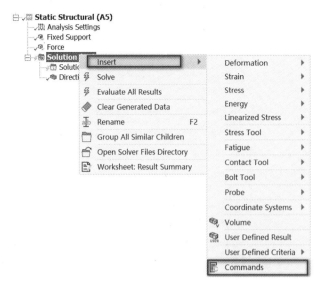

图 9-49　插入 Commands

```
Commands
  1  !  Commands inserted into this file will be executed immediately after the ANSYS /POST1 command.
  2
  3  !  Active UNIT system in Workbench when this object was created:  Metric (mm, kg, N, s, mV, mA)
  4  !  NOTE:  Any data that requires units (such as mass) is assumed to be in the consistent solver unit system.
  5  !         See Solving Units in the help system for more information.
  6  /POST1
  7  /GRAPHICS,power
  8  /EFACET, 2
  9  set,last
 10  /Page,50000,132,50000,132
 11  /output,ex23,txt
 12
 13  prnsol,u,sum
 14  prnsol,s,prin
 15
 16  ALLSEL
 17  nlist
 18  ELIST
```

图 9-50　命令流写入

(3)　重新进行计算。计算完成后，右键单击 Solution，选择 Open Solver Files Directory，可以在项目文件中找到已经导出的 ex23.txt 结果信息文件，如图 9-51 所示。这个文件中包含了所有节点的位移结果、应力结果以及单元节点的拓扑信息。

名称 ^	修改日期	类型	大小
AssemblyMesh.bin	2023/9/24 14:43	BIN 文件	123 KB
CAERep.xml	2023/9/24 15:52	XML 文档	16 KB
CAERepOutput.xml	2023/9/24 15:52	XML 文档	1 KB
ds.dat	2023/9/24 14:22	媒体文件(.dat)	820 KB
ex23.txt	2023/9/24 15:52	文本文档	1,439 KB
file.mntr	2023/9/24 14:22	MNTR 文件	1 KB
file.rst	2023/9/24 14:22	Restructured Te...	1,792 KB
file0.err	2023/9/24 15:52	Error log	1 KB
file0.PCS	2023/9/24 14:22	PCS 文件	3 KB
IndependentMesh.bin	2023/9/24 14:43	BIN 文件	1 KB
MatML.xml	2023/9/24 15:52	XML 文档	28 KB
PartsAssembly.bin	2023/9/24 14:43	BIN 文件	518 KB
post.dat	2023/9/24 15:52	媒体文件(.dat)	2 KB
post.out	2023/9/24 15:52	OUT 文件	10 KB
solve.out	2023/9/24 14:22	OUT 文件	26 KB
SYS.dat	2023/9/24 14:43	媒体文件(.dat)	812 KB

图 9-51　求解文件目录

9.6 ANSYS Workbench UI 选项 参数的调整方法

使用 ANSYS Workbench 进行模型的计算之后，通常都需要以计算报告的形式来展示计算的结果，而默认的 UI 参数，有时候并不能很好地表达计算结果，通过调整页面背景颜色、模型亮度、图例大小、字体大小、数据精度等，可以更好地在计算报告文档中展示计算结果。在本实例中，使用 2.1 节中的结果文件进行后处理演示，如图 9-52 所示。

图 9-52 实例模型

ANSYS Workbench 可以帮助工程师完成各种复杂的工程仿真任务，例如结构分析、流体动力学模拟、热力学分析等。在完成计算后，通常需要将计算结果以报告的形式展示出来，以便与团队成员或客户分享。然而，有时候默认的参数设置并不能很好地传达计算结果。为了更好地展示计算结果，我们需要调整一些参数，例如页面背景颜色、模型亮度、图例大小、字体大小以及数据精度等。

9.6.1 实例介绍

在本实例中，使用 2.1 节中已保存的结果文件进行后处理演示。这些结果文件中包含了在 ANSYS Workbench 中所进行的有限元分析的计算结果。通过调整上述参数，能够更好地在报告文档中展示这些计算结果。下面将详细说明如何调整这些参数以及如何使用这些可视化工具来提高计算报告的可读性和易用性。

9.6.2 流程介绍

1) 调整页面背景颜色

打开 2.1 节中的模型文件，通过 2.1 节的案例分析，我们已经计算得到了模型的温度场结果，如图 9-53 所示，ANSYS Workbench 默认的背景呈渐变的浅蓝色。

为了使报告更易于阅读，可以选择一个较浅的背景颜色。通常，白色背景是一个很好的选择，因为它可以提高图表的可读性。

可以对背景颜色进行修改，需要在 ANSYS Workbench 平台中选择 Tools→Options，如

图 9-54 所示。然后就可以打开 Options 对话框，如图 9-55 所示。

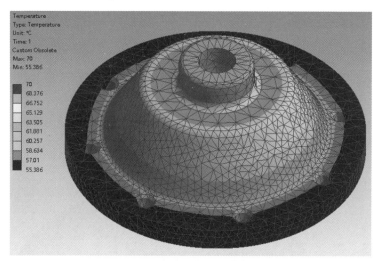

图 9-53　默认背景

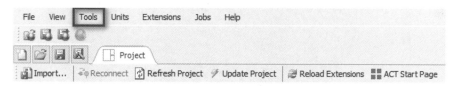

图 9-54　Tools 工具

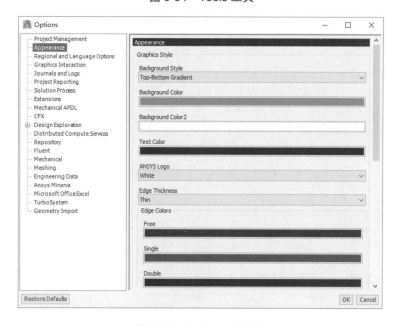

图 9-55　Options 对话框

在 Options 对话框中，设置 Appearance 下 Graphics Style 选项组中的 Background Color 为需要的背景颜色，这里是将其设定为白色，如图 9-56 所示。

Background Style
Top-Bottom Gradient

Background Color

Background Color 2

图 9-56　背景色设定

单击 OK 按钮确认当前设定，即完成背景色的修改。再进入模型后处理则可以看到，模型的背景颜色已经修改成了白色，如图 9-57 所示。

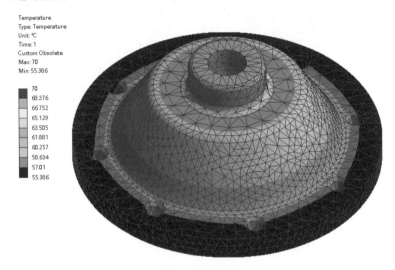

图 9-57　背景颜色调整

2)　模型亮度

虽然我们已经将模型的背景颜色调整为白色，但发现模型本身亮度还是不够，需要通过提升模型的亮度，使其更加突出，这将有助于用户更容易地查看模型的细节。这个时候就可以对模型的 Lighting 参数进行调整。

单击模型树节点 Model，如图 9-58 所示。

在 Details of "Model(A4)" 中，调整 Ambient 参数，这里将默认的 0.1 修改为 0.3，如图 9-59 所示。

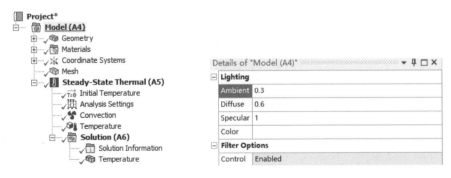

图 9-58　选择模型树节点 Model　　　　　　图 9-59　Lighting 参数设置

完成 Lighting 参数的修改之后，我们会发现模型整体亮度得到了提升，这对于模型的后处理和计算结果的展示是有很大帮助的，如图 9-60 所示。

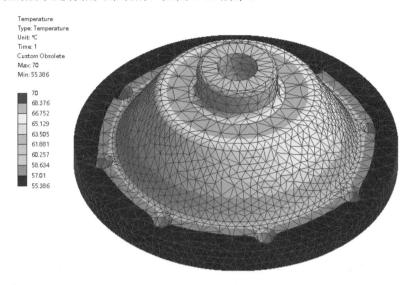

图 9-60　模型亮度提升

3)　图例与字体大小

默认的图例与字体会比较小，同时 Probe 标签信息的字号也是比较小的，如图 9-61 所示。

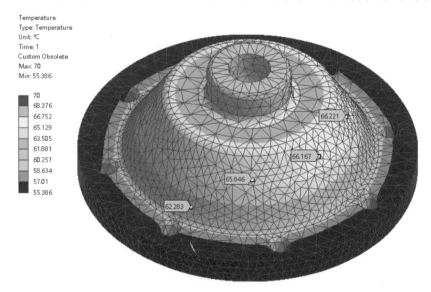

图 9-61　默认图例与字体大小

将图例设置得足够大，可以让用户轻松地在报告中找到所需的信息，同时需要确保字号足够大，以便用户轻松地阅读报告。

如果想要对字体大小进行调整，首先需要在 ANSYS Workbench 平台中，选择 Tools→Options 打开 Options 对话框，在 Appearance 下选中 Beta Options 复选框，如图 9-62 所示。

然后在 Mechanical 中，选择 File→Options，如图 9-63 所示。

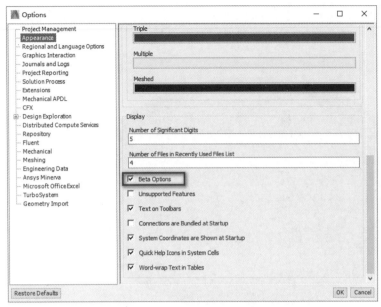

图 9-62　选中 Beta Options 复选框　　　　　图 9-63　选择 Mechanical 的
　　　　　　　　　　　　　　　　　　　　　　　　　　　　　　　　　Options

可以打开 Mechanical 的 Options 对话框，选择 UI Options，将 Font 修改为 Extra Large，如图 9-64 所示。

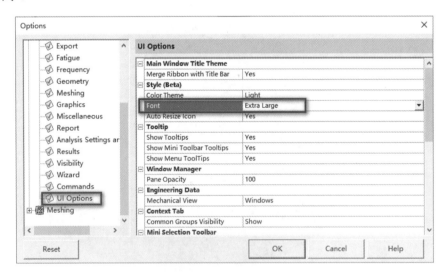

图 9-64　UI Options 设置

设置完成后，就可以看到当前模型后处理中的图例以及 Probe 标签信息的字号已经变大，如图 9-65 所示。

4)　数据精度

在 ANSYS Workbench 的后处理中，存在默认的数据有效位数，我们可以对这个有效位数进行调整，以此来满足当前项目的需求。

如果要调整有效位数，需要在 ANSYS Workbench 平台中，选择 Tools→Options，打开 Options 对话框，在 Appearance 下，将 Number of Significant Digits 修改为 4，单击 OK 按钮进行确认，如图 9-66 所示。

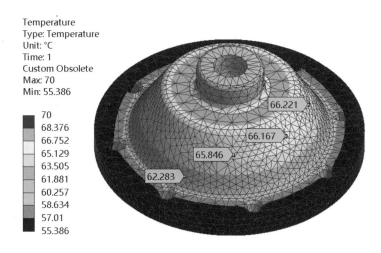

图 9-65　字体变大

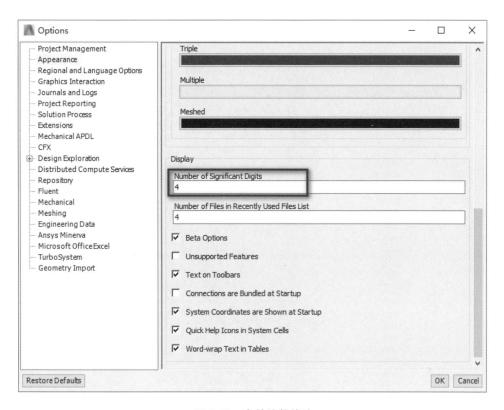

图 9-66　有效位数修改

修改完成后，则可以看到模型后处理中，Probe 标签信息中数据的有效位数已经根据我们的设定完成了修改，如图 9-67 所示。

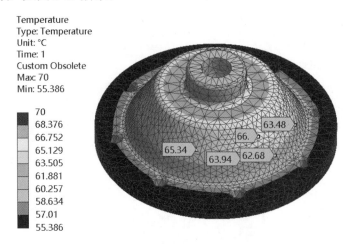

图 9-67　修改后的数据有效位数

第二篇
ANSYS Workbench 流体计算

第 10 章　ANSYS Workbench 流体计算基础

流体仿真计算是一种通过使用计算流体动力学方法来求解流体流动、传热及相关传递现象的技术。它利用计算机进行高精度和高效率的计算，对流体的运动状态、温度、压力、速度、颗粒轨迹等信息进行求解和模拟。

流体仿真计算的应用范围广泛，涉及众多科学领域和工业领域。例如，在能源领域，流体仿真计算可以用于研究和模拟石油、天然气等流体的流动和传热特性，提高能源利用效率；在汽车与航空航天领域，流体仿真计算可以用于模拟车辆与飞行器的空气动力学性能，优化其气动外形并降低阻力；在环境科学领域，流体仿真计算可以用于模拟大气污染物和水污染物的扩散和输送，为环境保护提供科学依据；在化工领域，流体仿真计算可以用于研究和模拟化学反应过程中流体的流动、传热和传质现象，优化化学反应过程和提高生产效率。

流体仿真计算具有非常高的应用价值，工程师们可以更加深入地了解流体的运动和传递规律，设计和优化各种设备和系统的性能，提高能源利用效率、减少环境污染、降低生产成本，为社会的发展和进步做出重要贡献。

10.1　流体计算相关工具简介

使用 ANSYS Workbench 进行流体计算过程中，可以使用 Fluent 和 CFX 两大工具，如图 10-1 所示。这两大工具都是广泛使用的流体动力学仿真软件，具有强大的预算理、后处理功能，可以方便地创建并修复几何模型、划分网格、设定边界条件等，从而得到高精度的仿真结果。基于先进的数值计算方法，能够模拟复杂流体流动、传热、化学反应等多种物理现象。在 ANSYS Workbench 中，Fluent 和 CFX 可以与其他分析系统进行无缝集成，实现热流固耦合计算，从而方便用户进行复杂的流体动力学仿真。本书所有的流体计算实例都是使用 Fluent 进行计算。

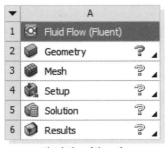
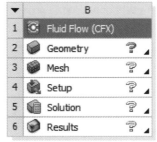

图 10-1　Fluent 与 CFX

Fluent 的内部流程非常明晰且有条理，与结构计算的流程基本相同，主要涵盖了以下四大关键步骤：模型准备、网格处理、边界条件设置并计算、计算结果后处理。这四大步骤环环相扣，每一个步骤都对模拟结果的准确性和可靠性起着至关重要的作用。

10.2　流体计算基本使用流程

流体计算的基本使用流程包括以下几个方面。

1)　简化计算问题

在进行流体计算之前，需要对实际的物理问题进行深入的学习和认识。这个过程需要明确计算的目标和内容，具体而言，需要了解所研究的流体流动现象的基本特征和规律，以及涉及哪些物理过程和参数。在这个过程中，需要对流体力学、热力学等相关领域的知识进行学习和掌握，以便更好地理解计算的目标和内容，在明了了计算的目标和内容之后，就可以进行后续的流体计算的准备工作了，包括对计算模型的建立、网格划分、边界条件设置、初始条件设置等。

2)　建立几何模型

在进行 Fluent 计算之前，模型准备是必不可少的重要环节。这个过程中需要明确模型的基本设定、输入数据以及模型的初步搭建，流体计算所需要的几何模型被称为流体域模型。如果是内流场问题，如管道内部的流体流动问题，就需要建立好内流体域模型，即对管道内部的流体所占据的空间进行精确建模。如果是外流场问题，如飞行器的外流场计算，则需要建立相应的外流场模型，即对飞行器外部空间进行建模作为流体域模型。

为了创建这些流体域模型，可以使用三维设计软件进行建模。这些软件通常包括 Inventor、SolidWorks、CATIA 等，它们具备强大的三维建模功能，可以方便地创建出各种复杂的几何形状。当然，也可以使用 SpaceClaim 这样的专业软件在固体模型的基础上进行抽取。SpaceClaim 是一款专业的三维 CAD 软件，其强大的流体动力学模块使得它能够在固体模型的基础上快速抽取流体域模型，从而大大简化了流体动力学模拟的流程。

3)　划分模型网格

在进行 Fluent 计算之前，网格处理是一个不可或缺的过程，它需要对物理空间进行离散化。网格划分是 Fluent 计算的前提与重要基础，直接影响着计算的精度和稳定性，因此，对于流体计算而言，网格划分显得尤为重要。

在 ANSYS Workbench 中进行流体网格划分时，可以使用 Mesh 模块来生成计算网格。Mesh 模块是一个功能强大的工具，可以对复杂的几何形状进行网格划分，并支持多种网格类型和算法。使用 Mesh 模块可以方便地调整网格参数，如网格密度、网格类型等，以获得更高质量的计算网格。除了 Mesh 模块，更加专业的网格工具 Fluent Meshing 也可以用于网格的划分与处理。Fluent Meshing 是一个专门为 Fluent 计算而设计的网格生成工具，如图 10-2 所示，它可以生成高质量的网格，并且针对 Fluent 计算的特点进行了优化。使用 Fluent Meshing 可以进一步提升网格质量，从而获得更准确的计算结果。

4)　确定计算模型

Fluent 软件中包含丰富多样的计算模型，这些模型涉及广泛的领域和应用场景，包括湍流模型、能量方程、燃烧模型、辐射模型、多相流模型等。这些模型的应用范围广泛，用户可以根据不同的物理现象和问题选择最合适的模型进行计算和分析。

湍流模型用于模拟流体在流动状态下的行为，是流体力学中一个非常关键的领域。能量方程则是描述系统能量转化和传递过程的基本方程，是热力学和能源领域中不可或缺的工具。燃烧模型则用于模拟燃烧过程中化学反应的速率和热量释放的规律，是燃烧设备和过程优化设计的重要依据。辐射模型则描述了物质和能量通过辐射方式传递的规律，是传热学和辐射传质过程分析的重要手段。多相流模型则用于描述多种物质同时流动和传递的过程，是石油化工、生物医学等领域中重要的模拟工具。

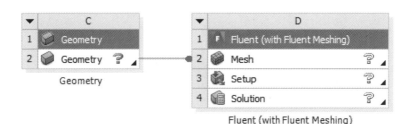

图 10-2　Fluent Meshing

5)　建立材料数据

Fluent 软件中包含各种常用的气体和液体的物性参数，这些参数涵盖了诸如密度、粘度、比热容、导热系数等多个方面的内容。这些参数是 Fluent 模拟中不可或缺的基础数据，对于模拟的准确性和可靠性具有至关重要的影响。根据实际需要，用户可以对这些物性参数进行修改，对于某些特定流体的物性参数，Fluent 默认的数据库可能无法提供，这时用户就可以根据相关的实验数据或理论模型来对这些参数进行修改，以满足模拟的需要。

6)　确定边界条件

在 Fluent 中，存在多种不同类型的边界条件，例如速度、压力、温度和热对流换热等。这些边界条件可以通过多种方式来定义，包括使用用户自定义函数(UDF)、表达式以及 Profile 文件等。

对于每种类型的边界条件，Fluent 都提供了丰富的选项和功能来进行详细的定义。例如，速度边界条件可以设置为恒定速度，也可以通过 UDF 或表达式来定义更复杂的速度场，比如随着时间变化的入口速度。温度边界条件可以根据需要设置为恒定温度、热流密度、热通量、热源等。此外，Fluent 还支持使用 UDF 或表达式来定义更复杂的温度场。流固耦合面是一种特殊的边界条件，用于模拟流体和固体之间的相互作用，实现流固之间的数据传递。

需要注意的是，合适的边界条件的选取和设置对于计算的收敛性具有至关重要的影响。不恰当的边界条件可能导致计算不收敛或收敛速度极慢，从而影响模拟的准确性和效率。因此，在实际应用中，需要根据具体情况对边界条件进行仔细的选取和调整，以确保计算结果的准确性和可靠性。

7)　确定求解参数

Fluent 中的求解参数，主要包括一些求解精度的控制参数、收敛控制参数、瞬态计算中的时间步设定等。

8)　计算结果后处理

最后一步是计算结果的后处理，它涉及对计算得到的大量数据进行有效的整理、深入的分

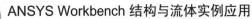

析以及可视化等处理过程。这样做的目的是方便我们更好地理解和应用这些数据。在后处理阶段，可以直接使用 Fluent 来处理各种任务，它能够实现从计算结果到可视化图形的直接转换。Fluent 可以生成各种形式的结果云图、动画、图表、曲线等，让我们能够更直观地理解计算结果。当然，如果需要更进一步的处理，也可以使用 CFD-Post 这款专业的后处理软件，它可以提供更多功能，例如更复杂的动画制作、专业的图表曲线绘制等，帮助我们更深入地挖掘和理解计算结果。

第 11 章　使用 SpaceClaim 抽取流体域

在使用 Fluent 进行 CFD 模拟之前,对研究对象进行流体域的抽取是一项至关重要的工作,需要在对研究对象有深刻理解之后,将其模型准确地建立出来。这要求我们基于模拟的边界条件,在三维空间中建立流体和固体的区域,而流体域抽取的准确性将直接影响模拟结果的精确性和可靠性。

对于一些较为简单的流体域,如球形、圆柱形、方形容器等,可以使用三维设计软件通过直接建模的方式快速、准确地建立模型,然后将模型导入 ANSYS 的 SpaceClaim 中,进行模型前处理;也可以直接在 SpaceClaim 中,通过直接拉伸、旋转、平移等操作完成流体域建模。

对于一些复杂的结构,如管道、阀门、不规则形状的容器等,使用三维建模软件直接建模可能会遇到很多困难,这时就需要借助专门的模型前处理软件来完成。在 ANSYS Workbench 中,可以使用 SpaceClaim 进行流体域的抽取。SpaceClaim 具有强大的几何建模以及模型修复功能,也具备流体域抽取的功能,在进行流体域抽取时,首先需要对固体模型进行几何建模,然后使用 SpaceClaim 的流体域生成功能对固体模型进行流体域的抽取。

11.1　实 例 介 绍

在本实例中,使用一个管道结构模型,如图 11-1 所示,本例介绍两种使用 SpaceClaim 进行管道内流体域抽取的方法,可以为后续流体网格的划分打好基础。

图 11-1　管道模型

11.2　第一种抽取方法

(1) 启动 ANSYS Workbench,加载 Geometry 几何模型模块。

(2) 右键单击 A2 单元格,选择 Import Geometry→Browse,弹出"文件选择"对话框,选择几何模型文件 ex25\ex25.stp。

(3) 双击 A2 单元格，进入 SpaceClaim。进入 SpaceClaim 之后，使用工具栏中的 Repair→Extra Edges 功能，模型自动高亮显示模型中多余的线，如图 11-2 所示。本实例模型很简单，仅需要将多余的线删除，而 SpaceClaim 提供了大量的修复功能，可以应对各类复杂的修复。

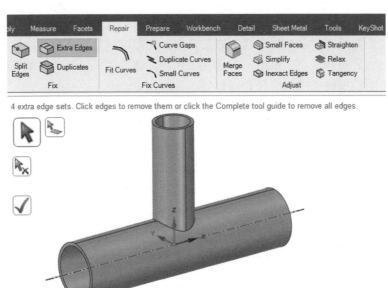

图 11-2　管道模型修复

(4) 单击对勾按钮，完成多余线的删除，修复完成后的管道模型如图 11-3 所示。

图 11-3　修复后的模型

(5) 选择工具栏中 Prepare 下的 Volume Extract 功能，可以看到各种流体域抽取方法，如图 11-4 所示。

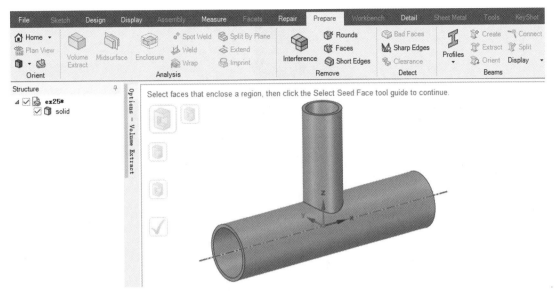

图 11-4　抽取工具

(6)　选择管道的三个出口面，如图 11-5 所示。

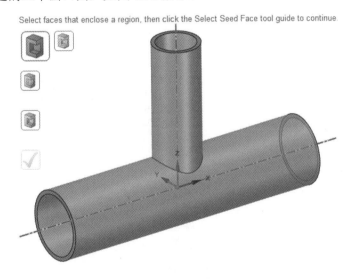

图 11-5　选择管道出口面

(7)　单击内部面选择功能，选择管道一个内表面，内表面以蓝色高亮显示，如图 11-6 所示。

(8)　在 Options-Volume Extract 中，选中 Preview inside faces 复选框，拖动进度条可以预览这个结构模型所有的内部表面，如图 11-7 所示。

(9)　单击对勾按钮，确认本次 Volume Extract 操作，流体域的抽取如图 11-8 所示。可以看到在管道结构模型内部已经生成了一个流体域模型，同时在左侧的模型树节点中也生成了一个 Volume 体模型，即管道内部的流体域模型。

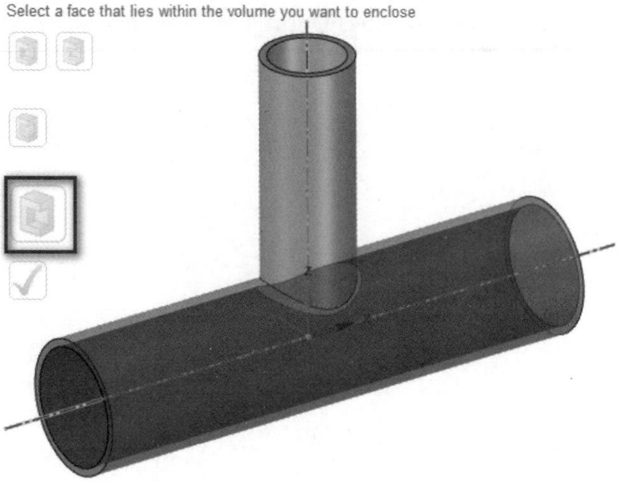

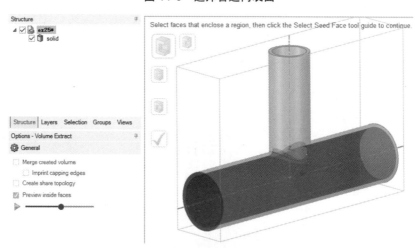

Select a face that lies within the volume you want to enclose

图 11-6　选择管道内表面

Structure
ex25*
solid
Structure
Layers
Selection
Groups
Views
Options - Volume Extract
General
Merge created volume
Imprint capping edges
Create share topology
Preview inside faces
Select faces that enclose a region, then click the Select Seed Face tool guide to continue.

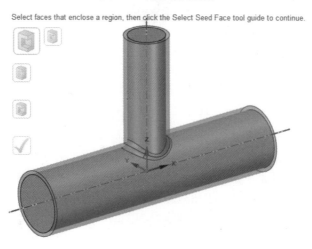

图 11-7 内部表面预览

Select faces that enclose a region, then click the Select Seed Face tool guide to continue.

图 11-8　流体域抽取

(10) 将管道结构模型抑制并隐藏，就可以看到需要用于流体计算的管道内部流体域模型了，如图 11-9 所示。

图 11-9　流体域模型

11.3　第二种抽取方法

(1) 启动 ANSYS Workbench，加载 Geometry(几何模型)模块。

(2) 右键单击 B2 单元格，选择 Import Geometry→Browse，弹出"文件选择"对话框，选择几何模型文件 ex25\ex25.stp。

(3) 双击 B2 单元格，进入 SpaceClaim。进入 SpaceClaim 之后，同样使用工具栏中的 Repair→Extra Edges 功能，模型自动高亮显示模型中多余的线，将管道结构模型中多余的线删除。

(4) 选择工具栏中 Prepare 下的 Enclosure 功能，如图 11-10 所示。在本方法中，会先创建管道外流场，然后对流场进行切割，进而得到管道内流体。

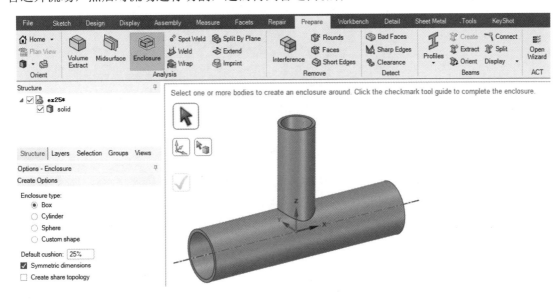

图 11-10　选择 Enclosure 功能

(5) 单击管道结构模型，系统自动建立管道的包围区域，使用默认参数，如图 11-11 所示。

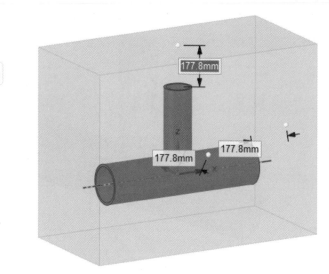

图 11-11　管道包围区域

(6) 单击对勾按钮，确认包围区域的选择，完成后如图 11-12 所示。

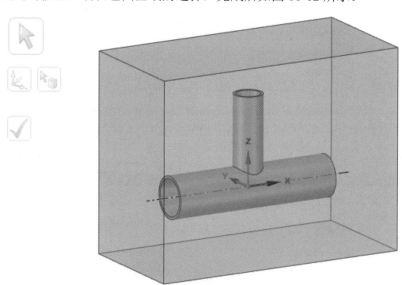

图 11-12　管道包围区域模型

(7) 我们最终需要的是管道内部的流体部分，所以对于建立的包围区域来说，需要使用体切割的功能，将管道外部的流体域部分切割掉。选择 Design 下的 Split Body 功能，并单击长方体包围区域，作为本次体切割操作的目标体，如图 11-13 所示。

(8) 在模型树节点中，取消选中 Enclosure 复选框，即隐藏包围区域，然后选择管道中部区域的出口面，作为本次体切割操作的切割面，如图 11-14 所示。

(9) 完成切割操作后的模型如图 11-15 所示。

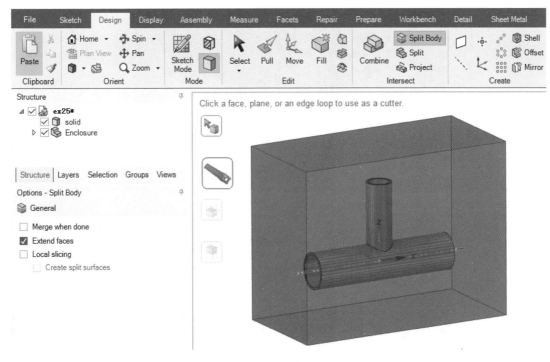

图 11-13　体切割功能

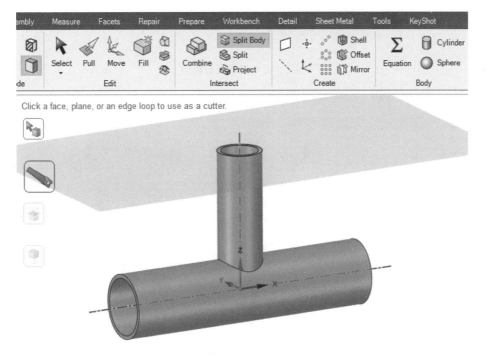

图 11-14　切割面

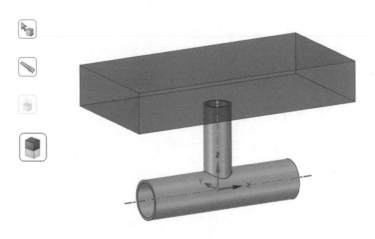

图 11-15　切割后的模型

(10) 右键单击，选择 Show All 命令，显示当前所有模型，如图 11-16 所示。

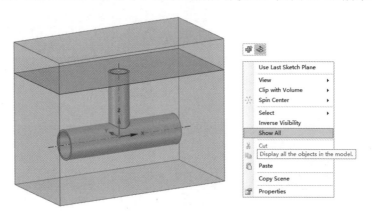

图 11-16　显示所有模型

(11) 使用同样的方法，继续对包围区域进行两次体切割的操作，完成后如图 11-17 所示。

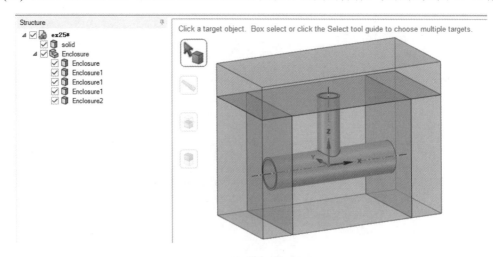

图 11-17　完成体切割的模型

(12) 通过体切割操作，包围区域被切割为 5 个部分，其中一个部分就是我们需要的管道流体域，可以将其他 4 部分以及管道结构模型抑制并隐藏，得到我们需要的管道内流体域模型，如图 11-18 所示。得到流体域模型后，就可以进行后续的边界命名等工作了。

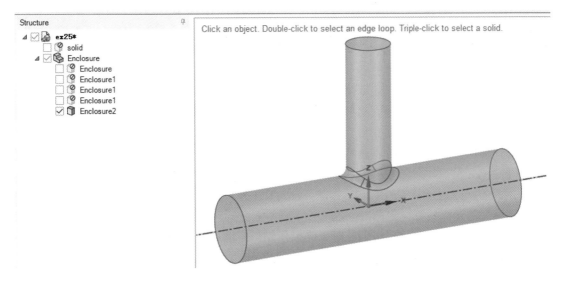

图 11-18　完成后的流体域

第 12 章　Fluent Meshing 网格处理

12.1　散热器流体域与固体域网格划分

在进行 CFD 计算之前，需要进行一系列的预处理，其中包括几何模型的处理、流体域的抽取，以及流体域的网格划分。这些步骤是 CFD 计算准确性和稳定性的关键前提。

流体域是指计算流体流动和传热问题的空间区域。在抽取流体域时，需要仔细确定哪些区域是需要计算的，哪些区域可以忽略不计。此外，还需要考虑计算域的连通性，以确保计算结果的正确性和完整性。

流体域的网格划分是 CFD 计算中的一项重要任务。划分网格是指将计算域离散成许多小的单元，每个单元都具有一定的形状和大小。网格划分的精细程度直接影响计算结果的准确性和计算效率。因此，在进行网格划分时，需要仔细确定网格的大小、形状和分布，以确保计算结果的准确性和可靠性。

12.1.1　实例介绍

在本实例中，使用一个散热器结构模型，如图 12-1 所示，在 SpaceClaim 中进行流体域的抽取，然后使用 Fluent Meshing 对其流体域进行网格划分。最终的目标是为后续的 CFD 计算提供网格文件，以进行准确的流体流动和传热分析。

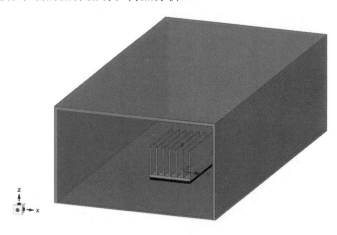

图 12-1　散热器结构模型

12.1.2　几何模型处理

(1) 启动 ANSYS Workbench，加载 Geometry(几何模型)模块。

(2) 右键单击 A2 单元格，选择 Import Geometry→Browse，弹出"文件选择"对话框，选择几何模型文件 ex26\ex26.stp。

（3）双击 A2 单元格，进入 SpaceClaim。进入 SpaceClaim 之后，选择工具栏中 Prepare 下的 Volume Extract 功能，选择散热器结构模型两端的四个端面，如图 12-2 所示。

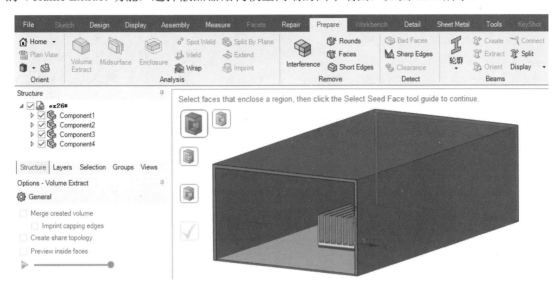

图 12-2　选择模型两端的四个端面

（4）选择内部面选择功能，选择散热器结构模型内部底板的上表面，则该表面以蓝色高亮显示，如图 12-3 所示。

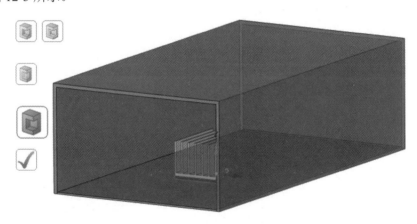

图 12-3　选择底板上表面

（5）单击对勾按钮，确认本次 Volume Extract 操作，完成流体域抽取，如图 12-4 所示。可以看到在散热器结构模型内部已经生成了一个流体域模型，同时在左侧的模型树节点中也已经生成了一个 Volume 体模型，即散热器结构模型内部的流体域模型。

（6）生成流体域之后，这个几何模型不仅存在流体域模型，同时还存在本身就有的结构固体域模型，而在实际计算中，是需要实现流体与固体之间的数据传递的，那么在几何模型处理阶段，还需要将流体域模型与固体域模型进行共享拓扑，为后续的数据传递做好准备。单击模型树节点 ex26*，在 Properties 中，设定 Share Topology 的类型为 Share，如图 12-5 所示。

（7）单击 Groups 标签，如图 12-6 所示，进行边界的命名工作。

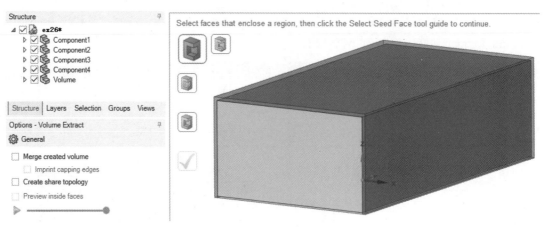

图 12-4　流体域抽取

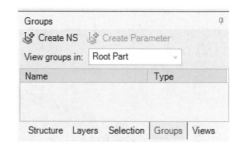

图 12-5　设置模型共享拓扑类型　　　　　图 12-6　Groups 功能

（8）单击流体域入口面，在 Groups 中单击 Create NS 按钮，设定流体入口面的名称为 in，如图 12-7 所示。

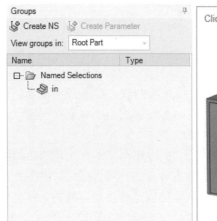

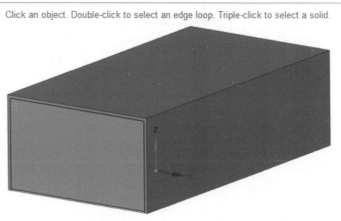

图 12-7　入口边界命名

(9) 使用同样的方法，设定右侧出口面的名称为 out，如图 12-8 所示。

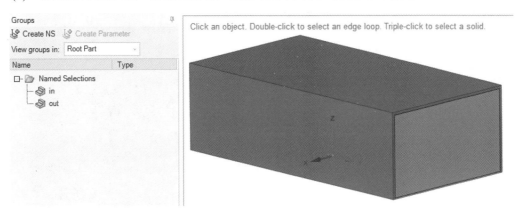

图 12-8　出口边界命名

(10) 将顶部的壁面命名为 wall_top，如图 12-9 所示。

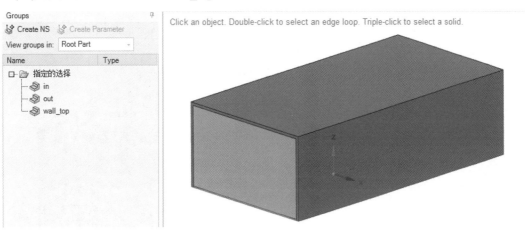

图 12-9　顶部壁面命名

(11) 将右侧的壁面命名为 wall_right，如图 12-10 所示。

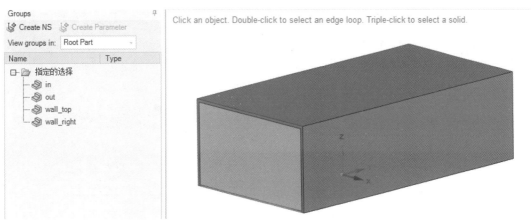

图 12-10　右侧壁面命名

(12) 将左侧的壁面命名为 wall_left，如图 12-11 所示。

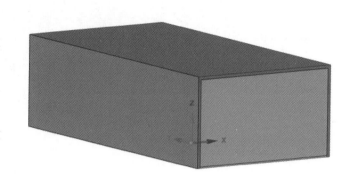

图 12-11　左侧壁面命名

(13) 将底部的壁面命名为 wall_bottom，如图 12-12 所示。

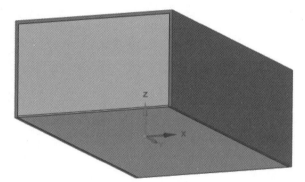

图 12-12　底部壁面命名

12.1.3　网格划分

(1) 至此，就完成了几何模型的处理，退出 SpaceClaim。在 ANSYS Workbench 中，加载一个 Fluent (with Fluent Meshing)模块，并将其拖入 A2 单元格，如图 12-13 所示。

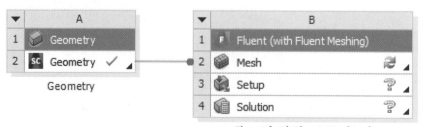

图 12-13　加载 Fluent (with Fluent Meshing)模块

（2）双击 B2 单元格，并单击 Start 按钮，进入 Fluent Meshing。进入 Fluent Meshing 之后，单击 Workflow 下的 Import Geometry，如图 12-14 所示，并在 Import Geometry 功能模块中单击 Import Geometry 按钮，导入几何模型。

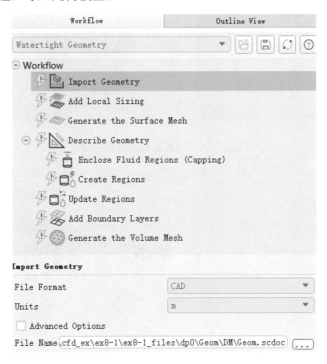

图 12-14　导入几何模型

（3）几何模型导入后，效果如图 12-15 所示。

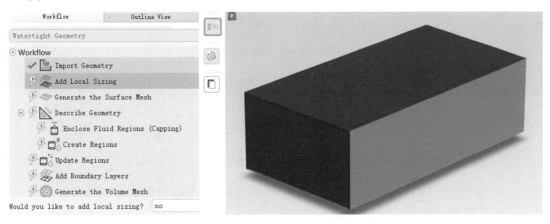

图 12-15　模型完成导入

（4）根据 Workflow 的流程步骤，对模型进行网格划分。在 Add Local Sizing 中，提示是否需要进行局部的网格控制，本实例中不进行局部控制，则直接单击 Update 按钮，如图 12-16 所示。

（5）在 Generate the Surface Mesh 中，设定整体的网格尺寸为 0.005 m，并单击 Generate the

Surface Mesh 按钮生成 Surface 网格，如图 12-17 所示。

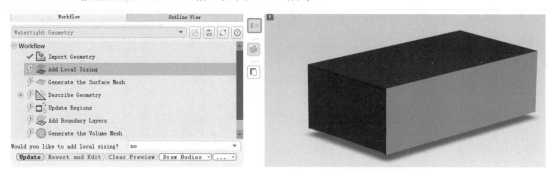

图 12-16　不进行局部网格控制

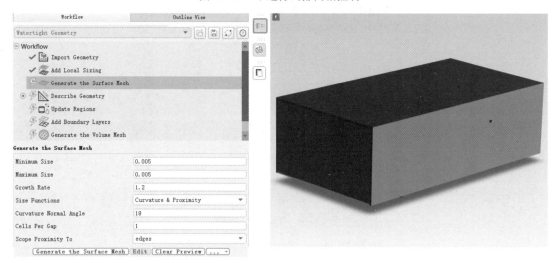

图 12-17　整体网格控制

(6)　完成划分的 Surface 网格，如图 12-18 所示。

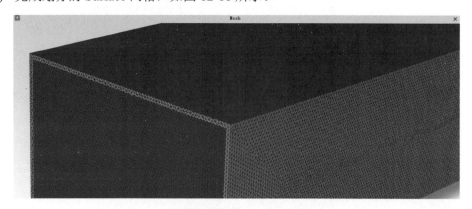

图 12-18　Surface 网格

(7)　完成 Surface 网格之后，自动进入 Describe Geometry 流程，在 Geometry Type 选项组中，选中第三项，即本模型包含了流体模型与固体模型，如图 12-19 所示，单击 Update 按钮，完成模型描述。

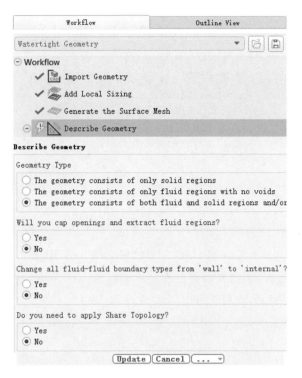

图 12-19　完成模型描述

(8)　在 Update Boundaries 中，设定各边界面的类型，入口 in 为速度入口边界，出口 out 为压力出口边界，其他壁面为 wall 边界，如图 12-20 所示，单击 Update Boundaries 按钮完成边界类型的设定。

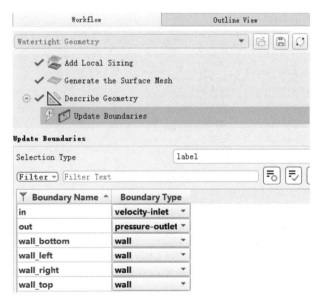

图 12-20　边界类型设定

(9)　在 Create Regions 中，设定 Estimated Number of Fluid Regions 为 1，即有一个流体区域，如图 12-21 所示，并单击 Create Regions 按钮生成计算区域。

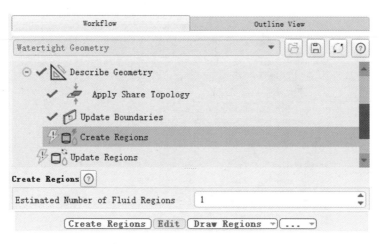

图 12-21　设定生成区域

(10) 计算区域生成之后，可以看到模型有 4 个固体域，1 个流体域，单击 Update Regions 按钮更新所有的区域，如图 12-22 所示。

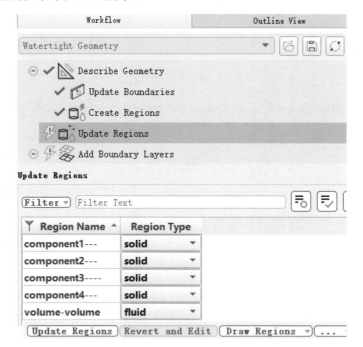

图 12-22　更新区域

(11) 在 Add Boundary Layers 中，对于边界层的设置，使用默认设置方法，如图 12-23 所示，并单击 Add Boundary Layers 按钮完成边界层的设置。

(12) 单击模型树节点 Generate the Volume Mesh，在 Fill With 下拉列表框中选择 polyhedra，根据需要可以选择其他类型的网格，单击 Generate the Volume Mesh 按钮生成网格，如图 12-24 所示。

(13) 最后生成的整体网格如图 12-25 所示，中心剖面的网格如图 12-26 所示。

图 12-23　边界层设置

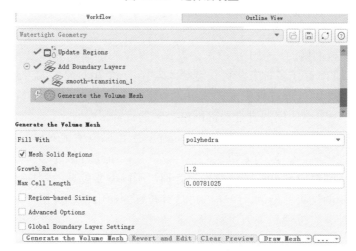

图 12-24　网格设置

图 12-25　整体网格

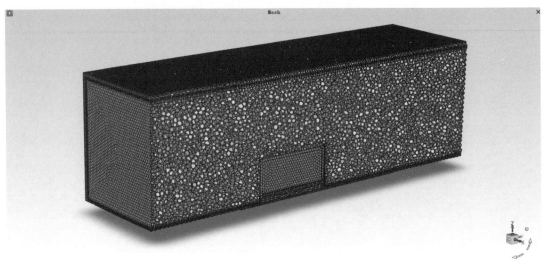

图 12-26　中心剖面网格

12.2　使用 BOI 方法进行网格的局部加密

在划分 CFD 模型网格的过程中，经常会需要对某个局部区域进行更为精细的网格加密处理。为了达到这个目的，存在多种方法可供选择。其中，一个相对简便的方式是采用 BOI 方法。

BOI 方法在几何模型处理过程中发挥了至关重要的作用，通过创建 BOI 区域，我们可以在 Fluent Meshing 中实现对整体模型进行局部网格控制的目标。

使用 BOI 方法进行网格划分具有许多优势。首先，它可以方便地对模型进行局部加密处理，从而更好地模拟模型中不同区域的流体流动特性。其次，BOI 方法能够有效地减少计算量，提高计算效率。由于我们对模型进行了局部加密处理，所以需要处理的网格数量相对较少，但仍然可以获得较为精确的结果。最后，BOI 方法具有较好的通用性和灵活性，可以适用于不同类型的模型和问题，并且可以根据需要进行调整和优化。

12.2.1　实例介绍

在本实例中，使用 11.1 中完成的管道内流体域模型，如图 12-27 所示，需要对该模型的中间区域进行网格加密。

12.2.2　几何模型处理

(1)　启动 ANSYS Workbench，加载 Geometry (几何模型)模块。

(2)　右键单击 A2 单元格，选择 Import Geometry→Browse，弹出"文件选择"对话框，选择几何模型文件 ex27\ex27.stp。

图 12-27　管道内流体域模型

（3）双击 A2 单元格，进入 SpaceClaim。进入 SpaceClaim 之后，使用工具栏中的 Repair→ Extra Edges 功能，系统自动高亮显示模型中多余的线，如图 12-28 所示，将模型中多余线的删除。

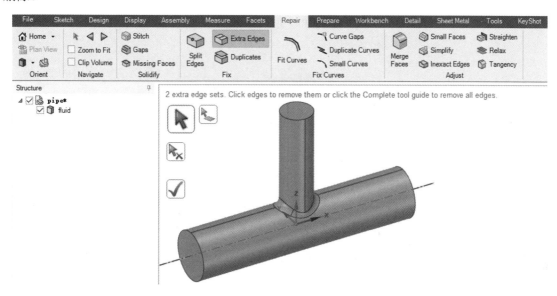

图 12-28　模型修复

（4）单击对勾按钮，完成多余线的删除，修复完成后的模型如图 12-29 所示。

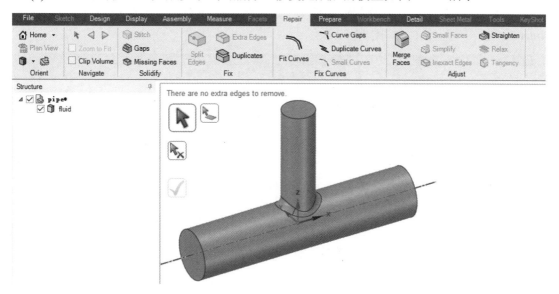

图 12-29　修复后的模型

（5）接下来需要在网格加密区域创建 BOI 实体模型。在工具栏中单击 Design 下的 Sketch Mode 按钮，进入草图模式，如图 12-30 所示。

（6）进入草图模式之后，需要选择草图平面，这里直接选择默认的 ZX 平面，即模型的中心面，如图 12-31 所示。

图 12-30　进入草图模式

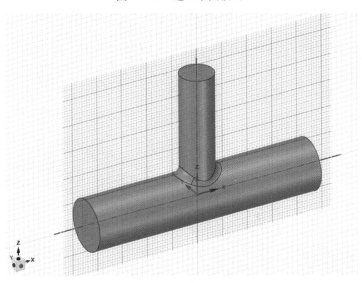

图 12-31　选择草图平面

(7)　在草图模式中，在选择的草图平面内，使用 Rectangle 功能创建一个长方形，并使用 Dimension 标注草图尺寸，如图 12-32 所示。

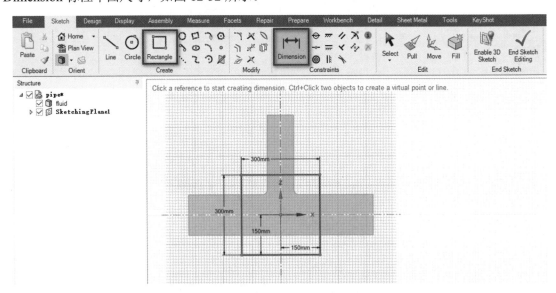

图 12-32　草图尺寸标注

(8)　在工具栏中单击 End Sketch Editing 按钮结束草图创建，如图 12-33 所示。

图 12-33　结束草图创建

（9）在工具栏中单击 Pull 按钮，即拉伸功能，选择刚才创建的平面，在 Options-Pull 中选择 No merge，即拉伸过程中不对生成的体进行布尔求和计算，同时选择中心面对称拉伸功能，如图 12-34 所示。

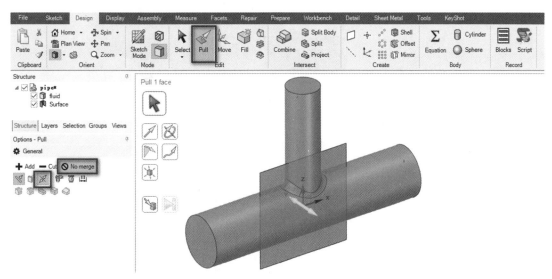

图 12-34　草图拉伸设置

（10）拉伸的宽度为 200 mm，如图 12-35 所示。

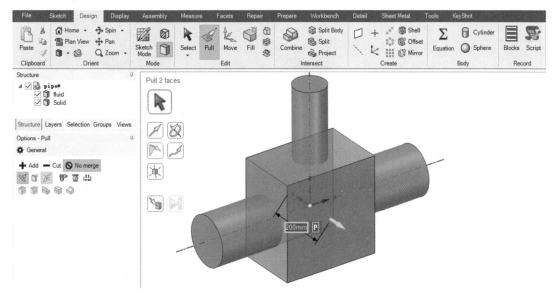

图 12-35　拉伸宽度设置

(11) 拉伸完成后的模型，即这个长方体实体模型就是我们在网格划分中需要使用的 BOI 区域，将这个实体模型的名称修改为 boi，如图 12-36 所示。

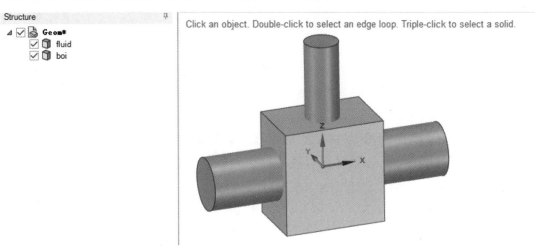

图 12-36　BOI 实体模型

(12) 单击 Groups 标签，进行边界的命名工作。单击流体域入口面，在 Groups 中单击 Create NS 按钮，设定流体入口面的名称为 in，如图 12-37 所示。

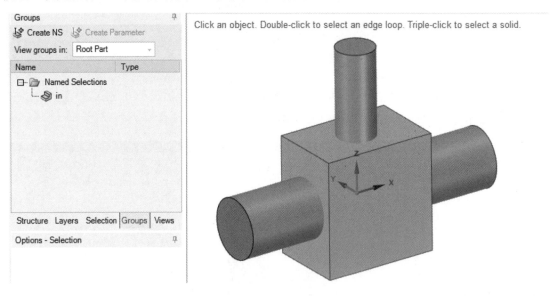

图 12-37　入口边界命名

(13) 使用同样的方法，将另外两个边界面设定为出口边界面，并分别命名为 out1、out2，如图 12-38 所示。

(14) 左键三击长方体模型，就可以选中该实体模型，并在 Groups 中单击 Create NS 按钮，设定其名称为 boi，如图 12-39 所示。

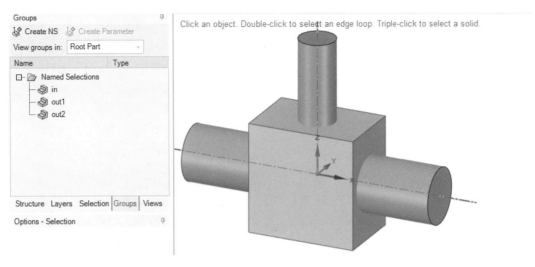

图 12-38　出口边界命名

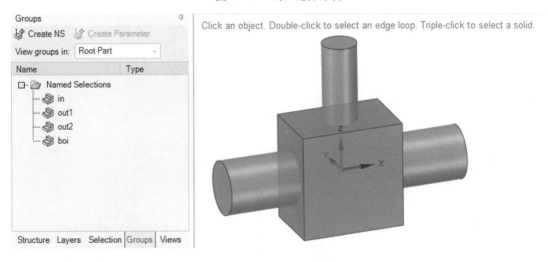

图 12-39　boi 区域命名

12.2.3　网格划分

(1) 至此，就完成了几何模型的处理，退出 SpaceClaim。在 ANSYS Workbench 中，加载一个 Fluent (with Fluent Meshing)模块，并将其拖入 A2 单元格，如图 12-40 所示。

图 12-40　加载 Fluent (with Fluent Meshing)模块

(2) 双击 B2 单元格，并单击 Start 按钮，进入 Fluent Meshing。进入 Fluent Meshing 之后，单击 Workflow 下的 Import Geometry，并在 Import Geometry 功能模块中单击 Import Geometry 按钮，导入几何模型，如图 12-41 所示。

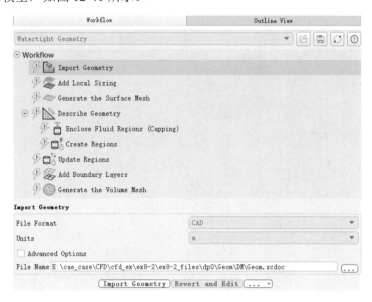

图 12-41　导入几何模型

(3) 几何模型导入后，效果如图 12-42 所示。

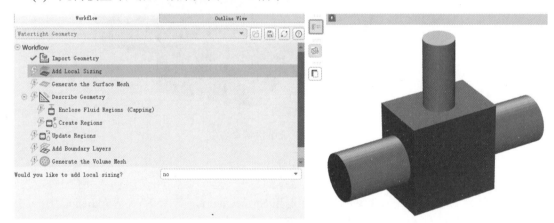

图 12-42　模型完成导入

(4) 根据 Workflow 的流程步骤，对模型进行网格划分。在 Add Local Sizing 中，提示是否需要进行局部的网格控制，本实例中需要进行 BOI 局部控制，则在 "Would you like to add local sizing?"下拉列表框中选择 yes，在 Size Control Type 下拉列表框中选择 Body Of Influence，在 Target Mesh Size 中设定局部网格尺寸为 0.005 m，并设定 BOI 区域为 geom:geom-boi，如图 12-43 所示，然后单击 Add Local Sizing 按钮完成局部网格控制。

(5) 在 Generate the Surface Mesh 中，设定最小面网格尺寸为 0.01 m，最大面网格尺寸为 0.02 m，单击 Generate the Surface Mesh 按钮生成 Surface 网格，如图 12-44 所示。

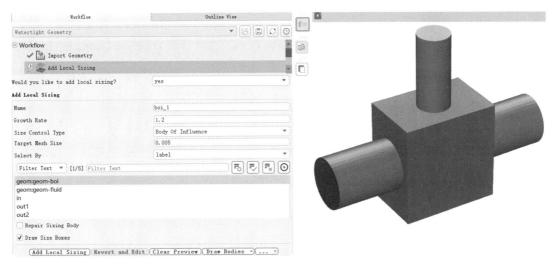

图 12-43　BOI 网格控制

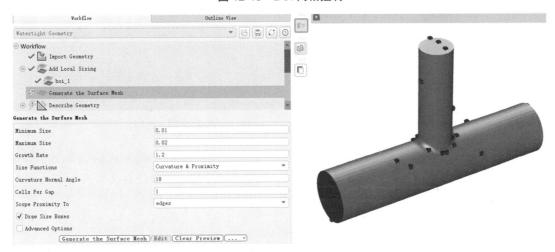

图 12-44　面网格控制

(6)　完成划分的面网格如图 12-45 所示。

图 12-45　Surface 网格

（7）生成面网格之后，自动进入 Describe Geometry 流程，在 Geometry Type 选项组中，选中第二项，即本模型包含了流体模型，如图 12-46 所示，然后单击 Describe Geometry 按钮，完成模型描述。

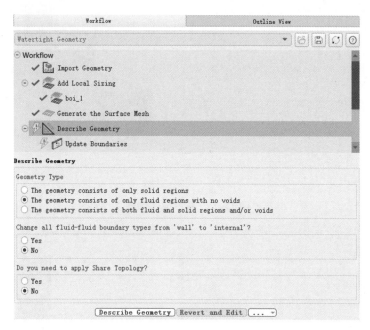

图 12-46　模型描述

（8）在 Update Boundaries 中，设定各边界面的类型，入口 in 为速度入口边界，出口 out 为压力出口边界，如图 12-47 所示，单击 Update Boundaries 按钮完成边界类型的设定。

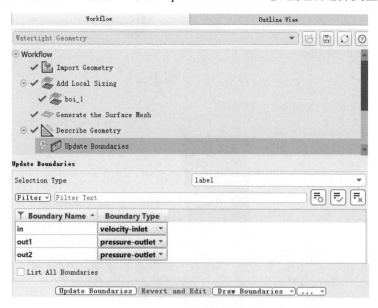

图 12-47　边界类型设定

（9）在 Update Regions 中，可以看到模型有一个流体域，如图 12-48 所示，单击 Update

Regions 按钮更新区域。

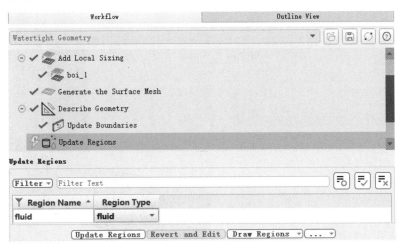

图 12-48　更新区域

（10）在 Add Boundary Layers 中，对于边界层的设置，使用默认设置方法，如图 12-49 所示，单击 Add Boundary Layers 按钮完成边界层的设置。

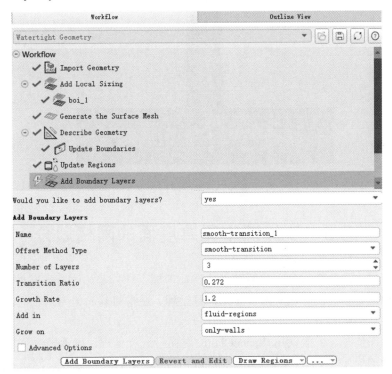

图 12-49　边界层设置

（11）单击模型树节点 Generate the Volume Mesh，在 Fill With 下拉列表框中选择 polyhedra，根据需要可以选择其他类型的网格，单击 Generate the Volume Mesh 按钮生成网格，如图 12-50 所示。

(12) 我们可以很清楚地看到，中间区域已经通过 BOI 的方法，实现了局部的网格加密，如图 12-51 所示。

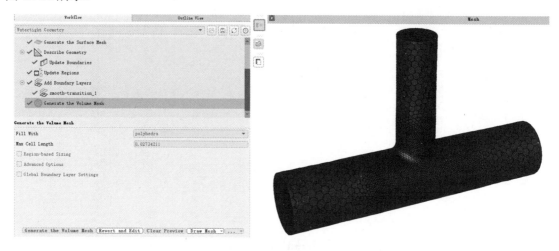

图 12-50　网格生成

图 12-51　网格加密

12.3　流体域中无厚度面的网格划分

在流体计算中，常常会遇到一些薄壁件，比如薄板、薄片等。这些薄壁件虽然厚度较小，但对流体的流动却有重要的影响。为了简化计算过程，通常将其简化为一个面，并将其与周围的流体域进行整体网格划分。

在进行这种简化时，一般使用 SpaceClaim 对模型进行处理，确保薄壁件和流体域的几何形状都得到精确的描述和定义，然后使用 Fluent Meshing 进行网格划分，这个过程中需要特别注意如何合理地处理薄壁件附近的网格，以确保计算的精度和准确性。

12.3.1　实例介绍

本实例以一个简易的管道内流体域模型为例，如图 12-52 所示，我们在管道中心位置设置了一个 Surface，作为薄板模型。这个 Surface 可以看作是一个阻碍流体流动的物体，会对流体产生一定的扰动和影响。通过 Fluent 的模拟计算，我们可以详细研究这种扰动和影响的程度、范围以及规律，从而为优化设计提供重要的参考依据。

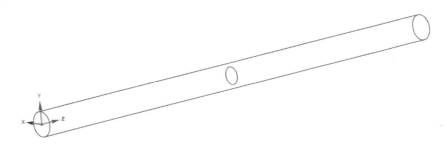

图 12-52　管道内流体域模型

12.3.2　几何模型处理

（1）启动 ANSYS Workbench，加载 Geometry(几何模型)模块。

（2）右键单击 A2 单元格，选择 Import Geometry→Browse，弹出"文件选择"对话框，选择几何模型文件 ex28\ex28.stp。

（3）双击 A2 单元格，进入 SpaceClaim。进入 SpaceClaim 之后，在左侧的模型树中可以看到有一个 fluid 实体模型和一个 Surface 面模型，fluid 是管道内流体域模型，而 Surface 是管道内部的一个简化的挡板模型，在 Display 中选择 Graphics 中的 WireFrame，可以发现管道中心位置的 Surface 模型，如图 12-53 所示。

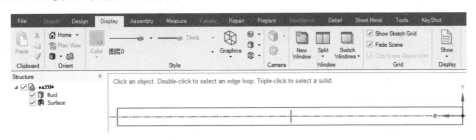

图 12-53　流体域模型

（4）单击 Groups 标签，进行边界的命名工作。单击流体域入口面，在 Groups 中单击 Create NS 按钮，设定流体入口面的名称为 in，如图 12-54 所示。

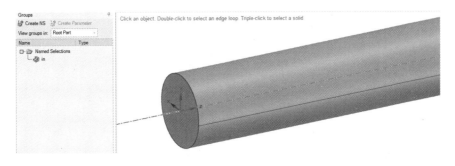

图 12-54　入口边界命名

(5) 使用同样的方法,将另一个出口设定为出口边界面 out,如图 12-55 所示。

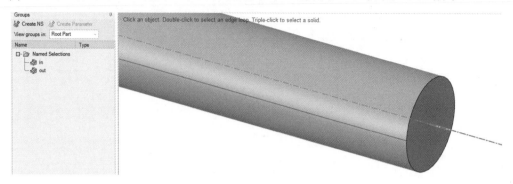

图 12-55　出口边界命名

(6) 将内部的 Surface 命名为 inside,如图 12-56 所示。

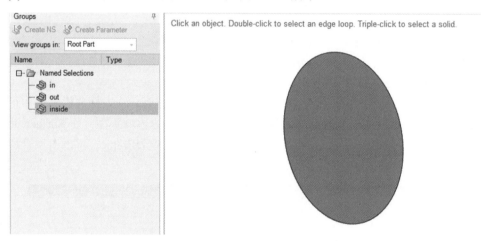

图 12-56　内部面命名

(7) 在左侧的模型树节点中选择 ex28*,在 Properties 中,将 Share Topology 的类型设定为 Merge,如图 12-57 所示。

图 12-57　模型拓扑关系设定

12.3.3　网格划分

(1)　至此，就完成了几何模型的处理，退出 SpaceClaim。在 ANSYS Workbench 平台中，加载一个 Fluent (with Fluent Meshing)模块，并将其拖入 A2 单元格，如图 12-58 所示。

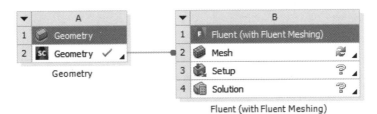

图 12-58　加载 Fluent (with Fluent Meshing)模块

(2)　双击 B2 单元格，并单击 Start 按钮，进入 Fluent Meshing。进入 Fluent Meshing 之后，单击 Workflow 下的 Import Geometry，并在 Import Geometry 功能模块中单击 Import Geometry 按钮，导入几何模型，如图 12-59 所示。

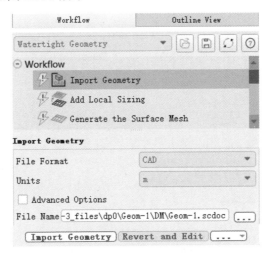

图 12-59　导入几何模型

(3)　根据 Workflow 的流程步骤，对模型进行网格划分。在 Add Local Sizing 中，提示是否需要进行局部的网格控制，本实例中不进行局部网格控制，则在"Would you like to add local sizing?"下拉列表框中选择 no，并单击 Update 按钮进行更新。如图 12-60 所示。

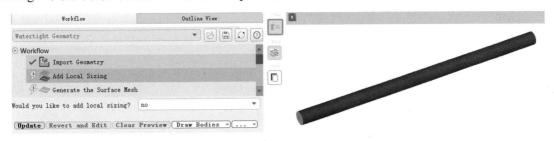

图 12-60　局部网格控制

（4）在 Generate the Surface Mesh 中，设定面网格尺寸为 0.01 m，单击 Generate the Surface Mesh 按钮生成 Surface 网格，如图 12-61 所示。

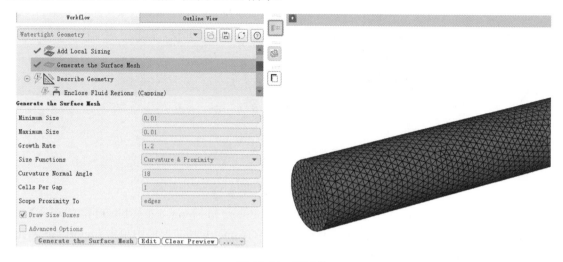

图 12-61　面网格

（5）生成面网格后，自动进入 Describe Geometry 流程，在 Geometry Type 选项组中，选中第三项，即本模型包含流体模型与固体模型，单击 Describe Geometry 按钮，完成模型描述，如图 12-62 所示。

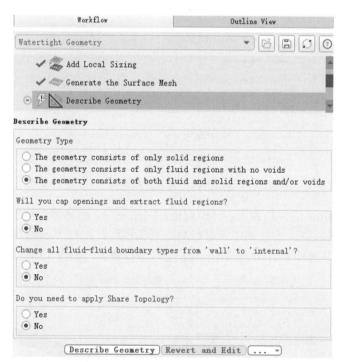

图 12-62　模型描述

（6）在 Update Boundaries 中，设定各边界面的类型，入口 in 为速度入口边界，出口 out 为压力出口边界，inside 为壁面边界，如图 12-63 所示，单击 Update Boundaries 按钮完成边界类型的设定。

(7)　在 Create Regions 中生成区域，如图 12-64 所示。

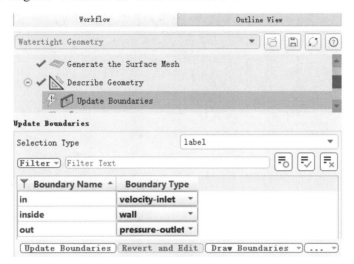

图 12-63　边界类型设定

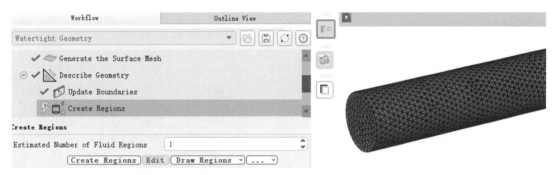

图 12-64　生成区域

(8)　在 Update Regions 中，可以看到模型有一个流体域，如图 12-65 所示，单击 Update Regions 按钮更新区域。

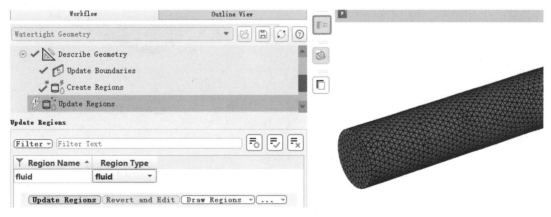

图 12-65　更新区域

(9) 在 Add Boundary Layers 中，对于边界层的设置，使用默认设置方法，如图 12-66 所示，单击 Add Boundary Layers 按钮完成边界层的设置。

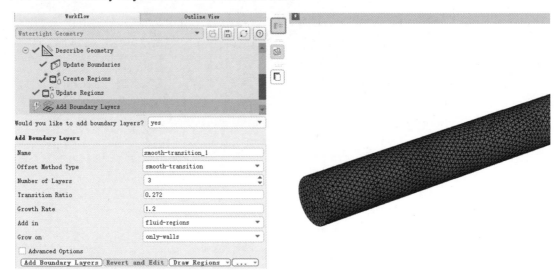

图 12-66 边界层设置

(10) 在 Generate the Volume Mesh 中生成网格，如图 12-67 所示。

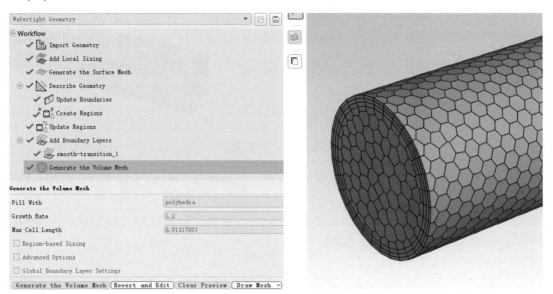

图 12-67 生成网格

12.3.4 计算验证

(1) 在工具栏中单击 Solution→Switch to Solution，进入 Fluent，使用本网格模型进行计算验证，如图 12-68 所示。

(2) 进入 Fluent 后，找到 Boundary Condition 下的入口边界面 in，如图 12-69 所示。

(3) 双击 in，打开 Velocity Inlet 对话框，设定入口的速度为 5 m/s，如图 12-70 所示。

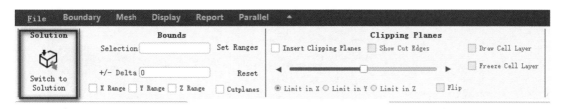

图 12-68　单击 Switch to Solution

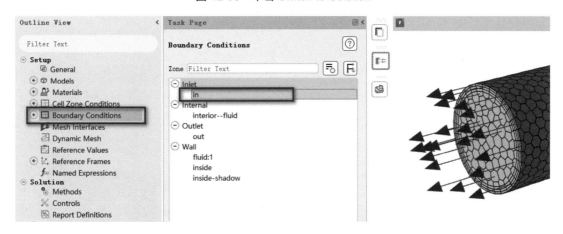

图 12-69　入口边界设置

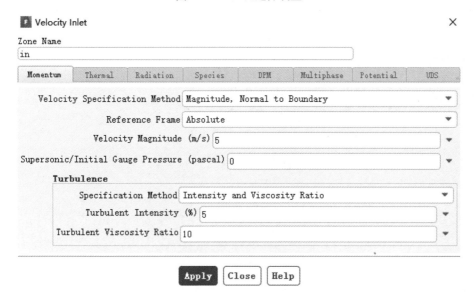

图 12-70　速度入口边界条件设置

(4) 双击 Initialization 进入初始化，使用默认方式，单击 Initialize 按钮进行初始化，如图 12-71 所示。

(5) 双击 Run Calculation，设定计算 300 步，单击 Calculate 按钮进行计算，如图 12-72 所示。

(6) 计算完成后，在 Results 目录中找到 Contours，如图 12-73 所示。

图 12-71　初始化

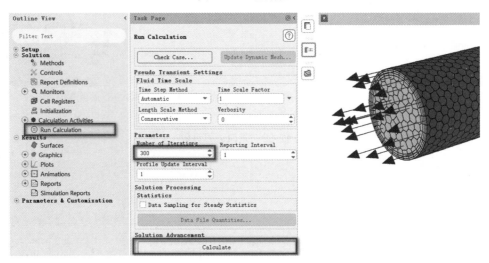

图 12-72　计算设置

图 12-73　选中 Contours

（7）右键单击 Contours，选择 New，打开 Contours 对话框，进行云图设置，如图 12-74 所示。单击 New Surface 选择 Iso-Surface，打开 Iso-Surface 对话框，如图 12-75 所示。

（8）在 Iso-Surface 对话框中，创建平面 x-0，设定 Surface of Constant 为 Mesh，如图 12-76 所示。

图 12-74　Contours 设置对话框

图 12-75　Iso-Surface 对话框

图 12-76　创建平面

(9)　双击模型树节点 Contours，在 Surface 列表框中选择刚才创建的平面 x-0，查看这个平面内的速度分布，单击 Save/Display 按钮，如图 12-77 所示。

(10) 得到的速度云图如图 12-78 所示，可以看到管道流体域中这个薄板模型对流场的影响。

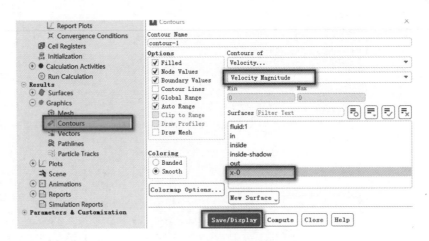

图 12-77　创建速度云图

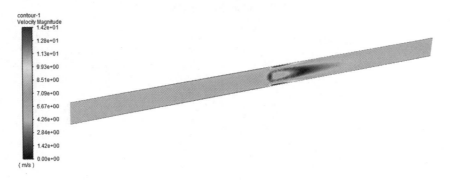

图 12-78　显示速度云图

12.4　使用 Auto Node Move 方法 改善网格质量

　　流体网格的重要性是不言而喻的，它是使用 Fluent 进行流场计算的关键基础，网格的质量往往决定了计算过程的收敛性和计算效率，通过划分高质量的网格，可以有效地捕捉流场的细节和复杂行为，从而提高计算的准确性和精度。

　　因此，有很多网格划分软件被开发出来，用于生成高质量的流体网格，这些软件通常被用于各种工程和科学应用中，包括航空航天、汽车、船舶、能源和生物医学等领域。在这些网格划分软件中，Fluent Meshing 是一款非常出色的工具，它提供了多种先进的网格生成技术，其中，Auto Node Move 是 Fluent Meshing 中一个非常实用的工具，它能够显著提升网格质量。Auto Node Move 功能通过自动移动网格节点位置，优化了网格的质量和精度。它基于先进的算法，能够自动识别并修正网格中的错误和缺陷，从而提高模拟的准确性和稳定性。

12.4.1　实例介绍

　　在本实例中，使用一个烟道流体域模型，如图 12-79 所示，首先使用 Fluent Meshing 进行初步的网格划分，然后通过 Auto Node Move 功能将节点位置进行调整，以降低网格的 Skewness 值。这一步骤非常重要，因为 Skewness 值过高可能导致计算不稳定或出现错误，通过使用 Auto Node Move 功能，可以快速使网格质量得到显著提升。

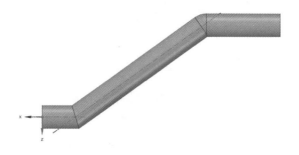

图 12-79　烟道流体域模型

12.4.2　几何模型处理

(1)　启动 ANSYS Workbench，加载 Geometry(几何模型)模块。

(2)　右键单击 A2 单元格，选择 Import Geometry→Browse，弹出"文件选择"对话框，选择几何模型文件 ex29\ex29.stp。

(3)　单击流体域入口面，在 Groups 中单击 Create NS 按钮，设定流体入口面的名称为 in，如图 12-80 所示。

图 12-80　入口边界命名

(4)　使用同样的方法，设定出口边界面的名称为 out，如图 12-81 所示。

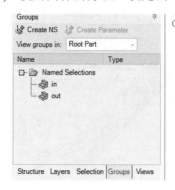
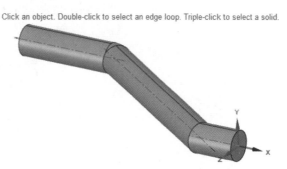

图 12-81　出口边界命名

12.4.3 网格划分及网格质量提升

(1) 完成几何模型边界命名后退出 SpaceClaim。在 ANSYS Workbench 平台中，加载一个 Fluent (with Fluent Meshing)模块，并将其拖入 A2 单元格，如图 12-82 所示。

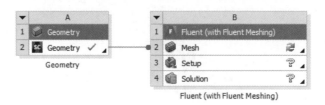

图 12-82　加载 Fluent (with Fluent Meshing)模块

(2) 双击 B2 单元格，并单击 Start 按钮，进入 Fluent Meshing。进入 Fluent Meshing 之后，单击 Workflow 下的 Import Geometry，并在 Import Geometry 功能模块中单击 Import Geometry 按钮，导入几何模型，如图 12-83 所示。

图 12-83　导入几何模型

(3) 根据 Workflow 的流程步骤，对模型进行网格划分。在 Add Local Sizing 中，提示是否需要进行局部的网格控制，本实例中不进行局部网格控制，则在"Would you like to add local sizing?"下拉列表框中选择 no，单击 Update 按钮进行更新，如图 12-84 所示。

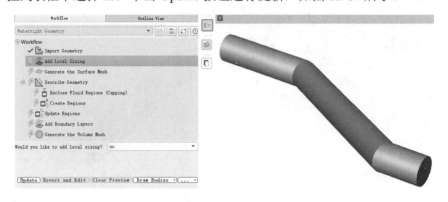

图 12-84　局部网格控制

（4）在 Generate the Surface Mesh 中，设定最小面网格尺寸为 0.1 m，最大面网格尺寸 0.2 mm，并单击 Generate the Surface Mesh 按钮生成 Surface 网格，如图 12-85 所示。

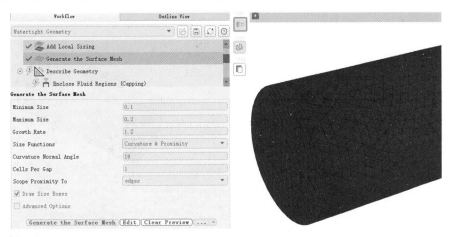

图 12-85　生成面网格

（5）生成面网格之后，自动进入 Describe Geometry 流程，在 Geometry Type 选项组中，选中第三项，即本模型包含了流体模型与固体模型，如图 12-86 所示，单击 Describe Geometry 按钮，完成模型描述。

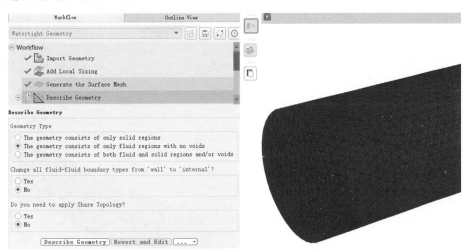

图 12-86　模型描述

（6）在 Update Boundaries 中，设定各边界面的类型，入口 in 为速度入口边界，出口 out 为压力出口边界，如图 12-87 所示，单击 Update Boundaries 按钮完成边界类型的设定。

（7）在 Update Regions 中，可以看到模型有一个流体域，如图 12-88 所示，单击 Update Regions 按钮更新区域。

（8）在 Add Boundary Layers 中，对于边界层的设置，使用默认设置方法，如图 12-89 所示，单击 Add Boundary Layers 按钮完成边界层的设置。

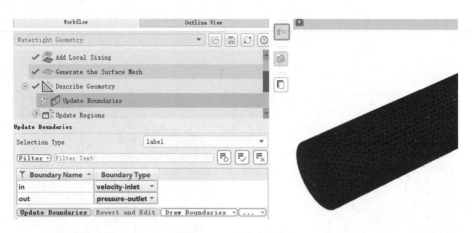

图 12-87　边界类型设定

图 12-88　更新区域

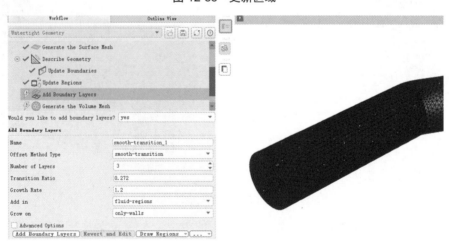

图 12-89　边界层设置

(9)　在 Generate the Volume Mesh 中生成网格，如图 12-90 所示。

(10) 单击工具栏中的 Mesh，如图 12-91 所示。

(11) 选择 Tools→Auto Node Move，打开 Auto Node Move 对话框，如图 12-92 所示。

(12) 单击 Auto Node Move 对话框中的 Quality Measure 按钮，进入 Quality Measure 对话框，在 Measure 选项组中选中 Skewness 单选按钮，选择查看网格的 Skewness 值，单击 Apply 按钮，

然后单击 Close 按钮，如图 12-93 所示。

图 12-90　生成网格

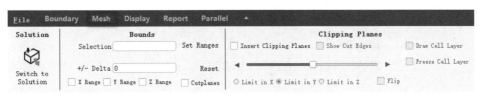

图 12-91　Mesh 功能选项

图 12-92　Auto Node Move 对话框

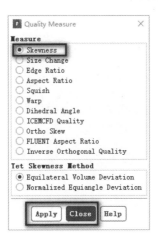

图 12-93　Quality Measure 对话框

(13) 在 Outline View 下，可以找到 Cell Zones，如图 12-94 所示。

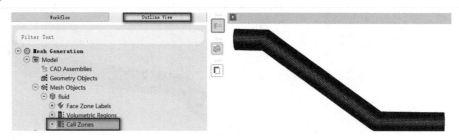

图 12-94　展开至 Cell Zones

(14) 右键单击 Cell Zones，并选择 Summary，在 Console 中可以看到当前网格的质量信息，如图 12-95 所示。

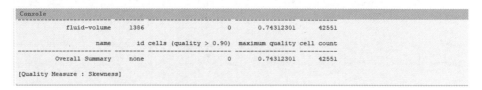

图 12-95　网格质量信息(1)

(15) 在菜单栏中，选择 Mesh→Tools→Auto Node Move，再次打开 Auto Node Move 对话框，设定 Quality Limit 为 0.6，在 Iterations 中设定迭代次数为 10，并单击 Apply 按钮，然后单击 Close 按钮，如图 12-96 所示。

图 12-96　提升网格质量

(16) 再次在 Outline View 下找到 Cell Zones，右键单击 Cell Zones，选择 Summary，在 Console 中可以看到 Skewness 值降到了 0.59，如图 12-97 所示。

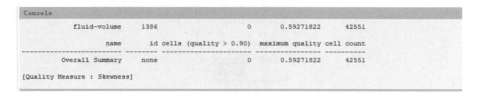

图 12-97　网格质量信息(2)

第 13 章　流体传热问题

13.1　散热器的稳态传热分析

在结构与流体之间的共轭传热计算中，数据传递的过程主要涉及固体与流体之间的热交换。为了实现这一过程，需要提前建立固体与流体之间的耦合面，以便在计算中实现热量的传递。由于流体求解器同时具备流体与固体传热计算的能力，因此可以直接采用流体求解器进行求解，无须使用流固耦合进行计算。

为了准确地描述固体与流体之间的耦合面，通常有两种方法可以考虑。一种方法是在模型前处理中，将固体域模型与流体域模型进行共节点处理，这样就可以在 Fluent 中得到一对 wall、wall-shadow 边界，这就是流固之间的耦合面，从而进行数据的传递。这种方法需要在建模过程中进行精确的几何定位和节点设置，以确保耦合面的准确性和稳定性。另一种方法是在模型前处理中，不做固体域模型与流体域模型之间的共节点，而是分别建立各自的网格，在固体域和流体域接触面上，手动添加一对接触关系作为 interface，在 Fluent 中通过这对 interface，建立两个域之间的耦合关系。这种方法需要对接触面进行准确的定义和处理，以确保数据在不同域之间传递的准确性和一致性。

13.1.1　实例介绍

在本实例中，使用 12.1 节所述的散热器网格模型，对其进行散热计算。该网格模型已完成流体域网格和固体域网格的划分，同时已完成流固模型的共享拓扑，可以实现流固之间的数据传递。散热器网格模型如图 13-1 所示。

图 13-1　散热器网格模型

13.1.2　分析流程

(1)　在 12.1 节已经使用 Fluent Meshing 划分完网格，在工具栏中，单击 Solution→Switch to Solution 进入 Fluent，如图 13-2 所示。

(2)　双击 General，在 Z 轴负方向设定重力加速度，如图 13-3 所示。

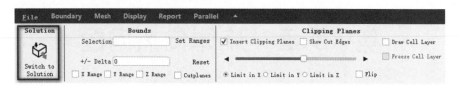

图 13-2　单击 Switch to Solution

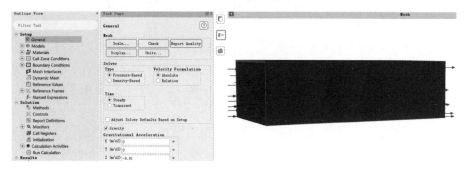

图 13-3　重力加速度设定

（3）使用默认的湍流方程，双击 Models 下的 Energy，由于涉及传热计算，所以需要启用能量方程，如图 13-4 所示。

图 13-4　启用能量方程

（4）双击 Materials 下的 air，打开 Create/Edit Materials 对话框，修改空气材料参数，如图 13-5 所示。

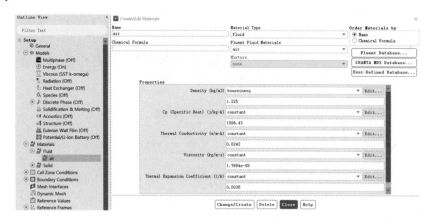

图 13-5　空气材料参数修改

（5）右键单击 Materials 下的 Solid，选择 New，打开 Create/Edit Materials 对话框，新建固体材料 copper，并确定其热传导系数，单击 Change/Create 按钮确认，如图 13-6 所示。

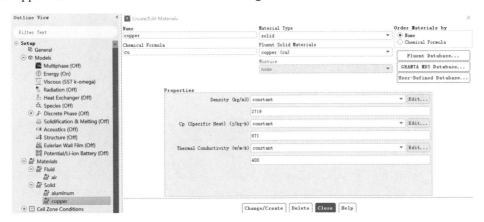

图 13-6　铜材料参数设定

（6）使用同样的方法，创建固体材料 fr4，单击 Change/Create 按钮确认，如图 13-7 所示。

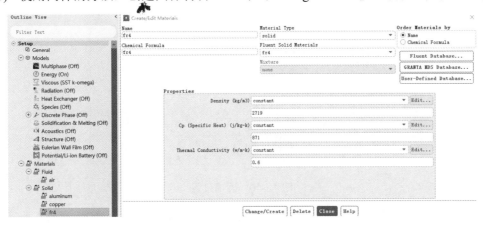

图 13-7　fr4 材料参数设定

（7）在 Cell Zone Conditions 的 Solid 目录中，双击 diban(solid, id=6795)打开 Solid 对话框，进行底板材料设置，在 Material Name 下拉列表框中选择 fr4，单击 Apply 按钮，然后单击 Close 按钮关闭，如图 13-8 所示。

图 13-8　底板材料设置

(8) 设置 reyuan 材料为 copper，选中 Source Terms 复选框，将其作为源项，在标签页中单击 Source Terms 标签，如图 13-9 所示。然后单击 Edit 按钮，打开 Energy sources 对话框，进行源项设置，设定 Number of Energy sources 为 1，并设定其 constant 数值为 630 000 w/m³，单击 OK 按钮确认，如图 13-10 所示。

图 13-9　热源材料设置

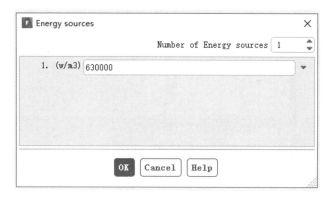

图 13-10　源项设置

(9) 将散热器材料设置为 aluminum，单击 Apply 按钮，然后单击 Close 按钮关闭，如图 13-11 所示。

图 13-11　散热器材料设置

(10) 将外壳材料设置为 aluminum，单击 Apply 按钮，然后单击 Close 按钮关闭，如图 13-12 所示。

(11) 双击 Boundary Conditions，可以看到模型中所有的边界面，双击 Inlet 下的 in，设定入口速度为 10 m/s，如图 13-13 所示。

图 13-12　外壳材料设置

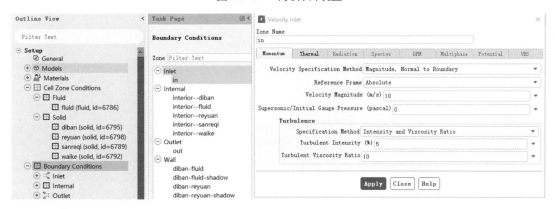

图 13-13　入口速度设定

(12) 在标签页中单击 Thermal 标签，设定入口温度为 300 K，如图 13-14 所示。

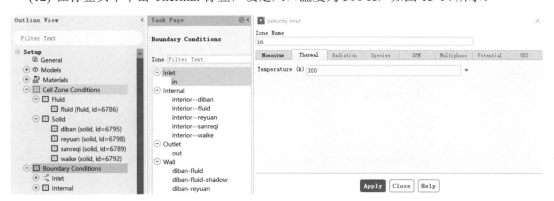

图 13-14　入口温度设定

(13) 双击 Wall 中的 wall_left，打开 Wall 对话框，进行壁面边界条件设置，设定该面的对流换热边界条件，如图 13-15 所示。

(14) 使用同样的方法，设定 wall_right、wall_top 为相同的对流换热边界。

(15) 双击 Solution 下的 Initialization 进行初始化，在 Compute from 下拉列表框中选择 all-zones，单击 Initialize 按钮进行初始化，如图 13-16 所示。

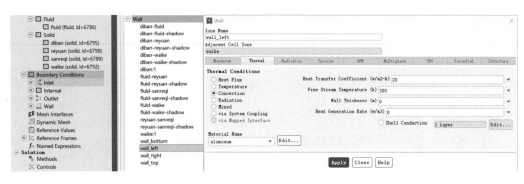

图 13-15　壁面对流换热边界条件设定

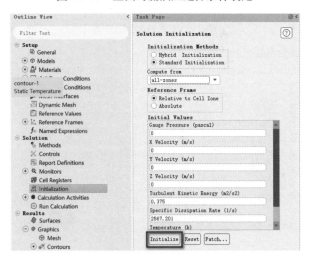

图 13-16　初始化

(16) 双击 Solution 下的 Run Calculation，设定 Number of Iterations 为 500，即进行 500 次迭代计算，单击 Calculate 按钮进行计算，如图 13-17 所示。

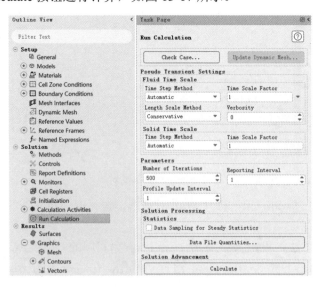

图 13-17　计算设置

(17) 在 Results 的 Contours 中建立一个新的云图，选择模型壁面，单击 Save/Display 按钮，如图 13-18 所示。

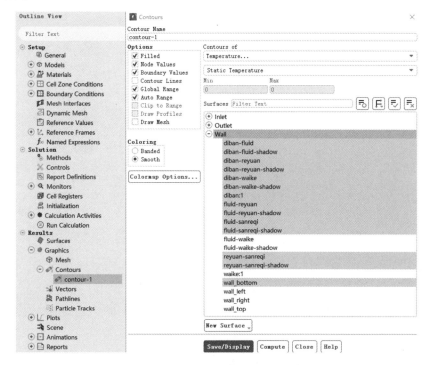

图 13-18　新建温度云图

(18) 得到散热器内部壁面的温度云图，如图 13-19 所示。

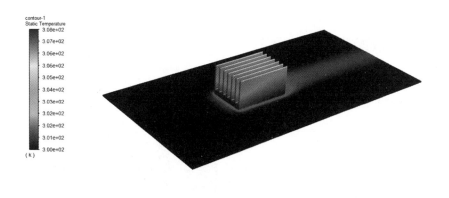

图 13-19　温度云图

13.1.3　后处理 Pathlines 动画

(1)　双击 Results 下的 Pathlines，打开 Pathlines 对话框，进行 Pathlines 设置，如图 13-20 所示。

(2)　在 Color by 下拉列表框中选择 Temperature，在 Release from Surface 列表框中选择热源的壁面，如图 13-21 所示。

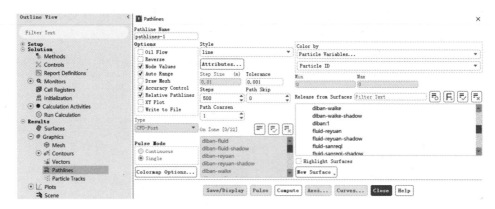

图 13-20　Pathlines 对话框

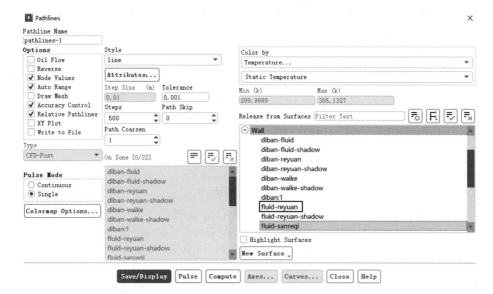

图 13-21　Pathlines 设置

(3)　单击 Save/Display 按钮后，得到散热器轨迹线，如图 13-22 所示。

图 13-22　散热器轨迹线

(4)　在 Pathlines 对话框中，选中 Draw Mesh 复选框，如图 13-23 所示。

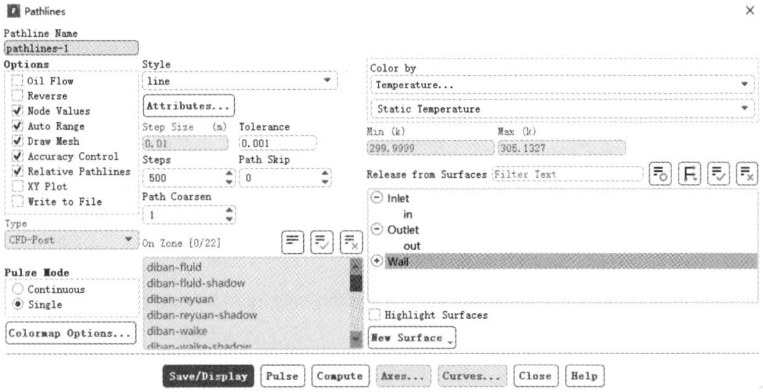

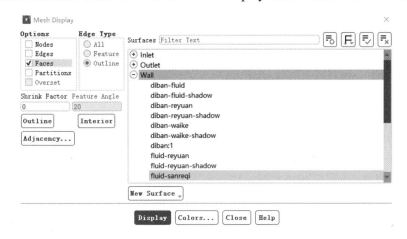

图 13-23　选中 Draw Mesh 复选框

(5)　选中 Draw Mesh 复选框后，自动弹出 Mesh Display 对话框，在 Surfaces 列表框中，选择 Wall 中的散热器壁面，如图 13-24 所示，单击 Display 按钮，然后单击 Close 按钮关闭。

图 13-24　Mesh Display 对话框

(6)　返回到刚才的 Pathlines 对话框，单击 Save/Display 按钮，得到更新后的散热器轨迹线，如图 13-25 所示。

图 13-25　更新后的散热器轨迹线

（7）当然，也可以在 Pathlines 对话框中单击 Pulse 按钮，得到该轨迹线的动画，如图 13-26 所示。

图 13-26　Pathlines 对话框

13.2　共轭传热及自然对流分析

在 Fluent 软件中，可实现流体域和固体域之间的共轭传热，这种传热过程发生在两种不同材料的接触面上，其中一种材料是固体，另一种材料是流体，并且考虑了流体域中的自然对流现象。

流固共轭传热需要定义流体域和固体域的物理属性，如热传导系数、比热容等，这些参数对于模拟传热过程至关重要。同时我们在流体域中考虑了自然对流的影响，自然对流是指在没有外部激励的情况下，由于密度梯度产生的流体自发流动现象，这种现象在传热过程中往往会产生重要影响。

在实际操作过程中，我们通过求解流体域和固体域的热平衡方程组，来模拟共轭传热过程。这个方程组考虑了流体和固体之间的热交换以及自然对流的影响。通过精确求解这个方程组，可以得到流体域和固体域之间的温度分布以及热流量分布。

13.2.1　实例介绍

在本实例中，使用了流体域和固体域模型，如图 13-27 所示。

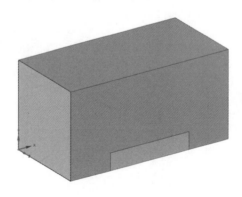

图 13-27　流固模型

通过这种方法，我们可以在 Fluent 中实现流体域和固体域之间的共轭传热模拟。同时，我们还考虑了流体的自然对流，使得模拟结果更加准确、可靠。这种方法可以为工程实际应用提供有效的参考依据。

13.2.2　分析流程

(1)　启动 ANSYS Workbench，加载 Geometry(几何模型)模块。

(2)　右键单击 A2 单元格，选择 Import Geometry→Browse，弹出"文件选择"对话框，选择几何模型文件 ex31\ex31.stp。

(3)　双击 A2 单元格，进入 SpaceClaim，几何模型如图 13-28 所示，模型包括流体 fluid、固体 solid 两个部分。

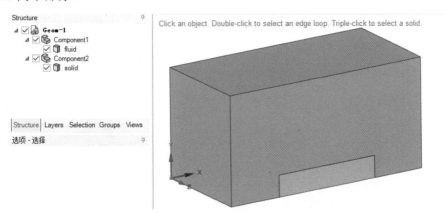

图 13-28　流固几何模型

(4)　单击模型树节点 Structure 下的 Geom-1*，在 Analysis 中设定 Share Topology 为 Share，实现流体域和固体域模型的共享拓扑，如图 13-29 所示。

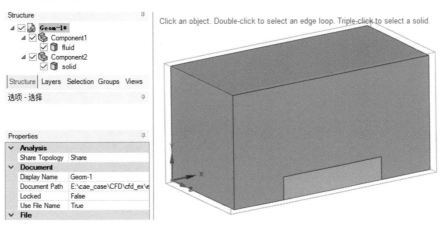

图 13-29　模型共享拓扑

(5)　退出 SapceClaim，在 ANSYS Workbench 平台中加载一个 Fluid Flow (Fluent)模块，并将其拖入 A2 单元格，如图 13-30 所示。

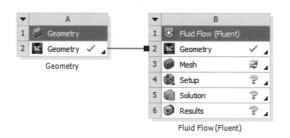

图 13-30　加载 Fluid Flow (Fluent)模块

(6)　双击 B3 单元格，进入 Mesh 模块进行模型的网格划分。

(7)　进行模型边界的命名工作。在模型中右键单击固体域模型底面，选择 Create Named Selection，在弹出的 Selection Name 对话框中，将该底面命名为 wall_solid_temp1，如图 13-31 所示。

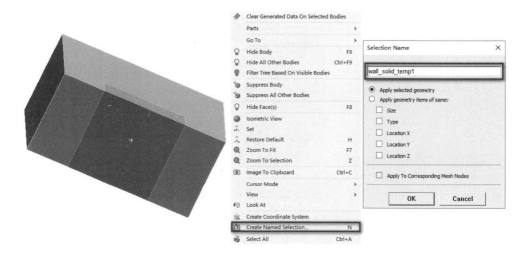

图 13-31　固体域底面命名

(8)　按住 Ctrl 健，同时选中模型的两个侧面，将其命名为 wall_fluid_temp2，如图 13-32 所示。

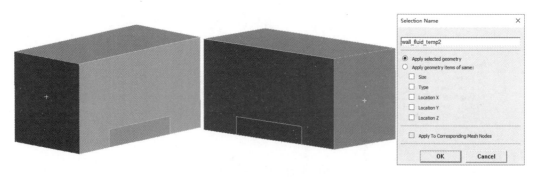

图 13-32　侧面命名

(9)　选中流体域模型，将流体域命名为 fluid，如图 13-33 所示。

(10) 选中固体域模型，将固体域命名为 solid，如图 13-34 所示。

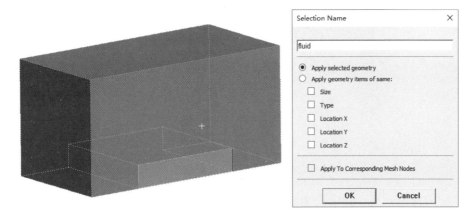

图 13-33　流体域命名

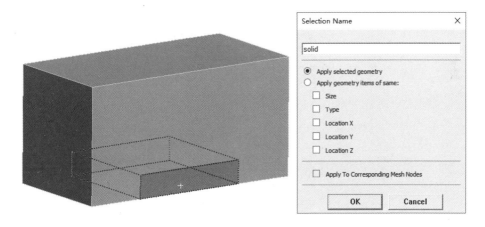

图 13-34　固体域命名

(11) 单击模型树节点 Mesh，将 Element Size 设置为 4 mm。右键单击 Mesh，选择 Generate Mesh，自动生成模型网格，如图 13-35 所示。

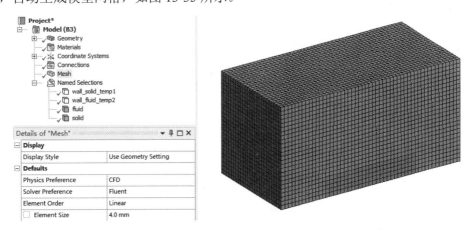

图 13-35　模型网格划分

(12) 退出 Mesh 模块，右键单击 Mesh，选择 Update，更新网格，如图 13-36 所示。

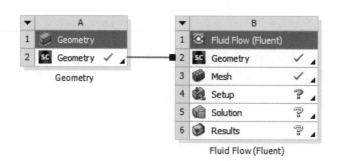

图 13-36　网格更新

(13) 双击 B4 单元格，并单击 Start 按钮进入 Fluent。

(14) 由于本实例需要计算自然对流，所以单击 General，开启重力加速度，如图 13-37 所示。

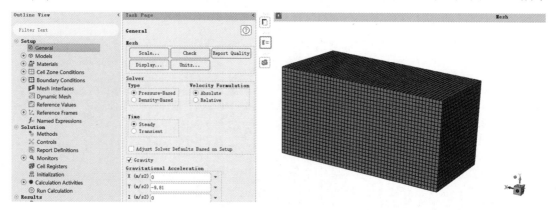

图 13-37　开启重力加速度

(15) 展开 Models，双击 Energy(off)打开 Energy 对话框，进行能量方程设置，选中 Energy Equation 复选框，本实例使用默认的 SST k-omega 湍流模型，如图 13-38 所示。

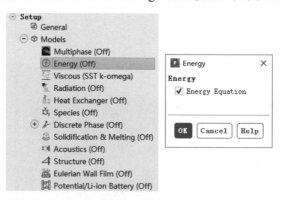

图 13-38　能量方程设置

(16) 双击 Materials 下的 air，打开 Create/Edit Materials 对话框，进行 air 材料设置。自然对流中，需要考虑流体密度受到温度的影响，因此将 Density 修改为 ideal-gas，单击 Change/Create 按钮，然后单击 Close 按钮关闭，如图 13-39 所示。

(17) 双击 Boundary Conditions，打开模型边界列表，如图 13-40 所示。

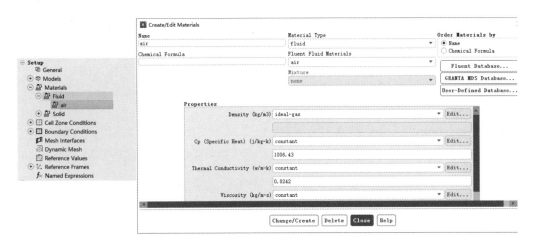

图 13-39　air 材料设置

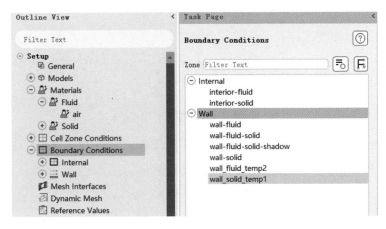

图 13-40　模型边界列表

(18) 双击 wall_solid_temp1，打开 Wall 对话框，进行该壁面边界条件设置。在 Thermal Conditions 选项组中选中 Temperature 单选按钮，为该壁面设置一个温度边界，设定其温度为 343 K，如图 13-41 所示，单击 Apply 按钮，然后单击 Close 按钮关闭。

图 13-41　壁面温度边界设置(1)

(19) 在边界列表中，双击 wall_fluid_temp2，打开 Wall 对话框，进行该壁面边界条件设置。在 Thermal Conditions 选项组中选中 Temperature 单选按钮，为该壁面设置一个温度边界，设定其温度为 293 K，如图 13-42 所示，单击 Apply 按钮，然后单击 Close 按钮关闭。

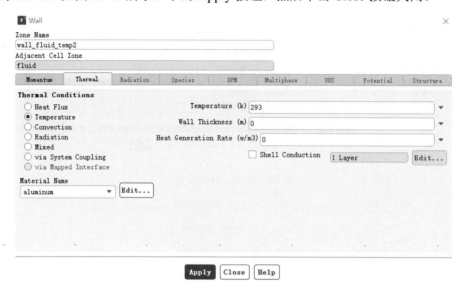

图 13-42　壁面温度边界设置(2)

(20) 双击 Solution 下的 Methods，选中 Warped-Face Gradient Correction 复选框和 High Order Term Relaxation 复选框，如图 13-43 所示。

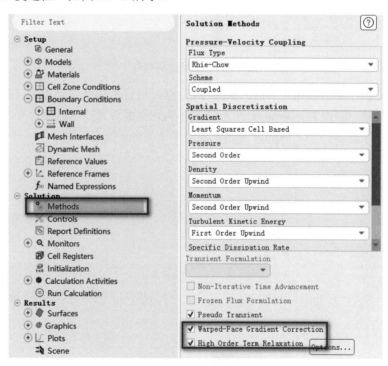

图 13-43　Methods 设置

(21) 双击 Solution 下的 Initialization，在 Initialization Methods 选项组中，选中 Standard Initialization 单选按钮，在 Compute from 下拉列表框中选择 all-zones，然后单击 Initialize 按钮进行初始化，如图 13-44 所示。

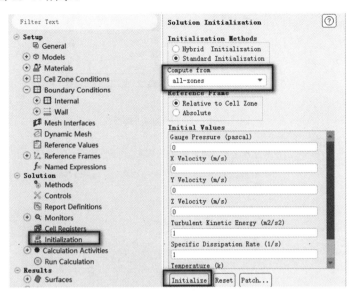

图 13-44　初始化设置

(22) 双击 Solution 下的 Run Calculation，设定 Number of Iterations 为 500，即进行 500 次迭代计算，单击 Calculate 按钮进行计算，如图 13-45 所示。

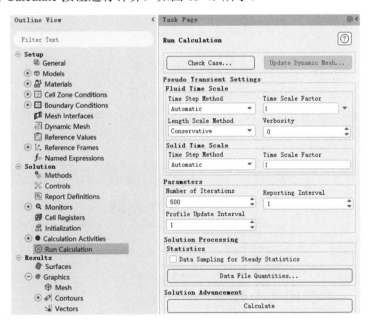

图 13-45　计算设置

(23) 计算完成后，在 ANSYS Workbench 平台中双击 B6 单元格，进入 CFD-Post 进行后处理，如图 13-46 所示。

(24) 进入 CFD-Post 之后，在菜单栏中选择 Insert→Location→Plane，创建一个中心平面 Plane1。在 Details of Plane1 中，设定 Method 为 XY Plane，Z 轴方向为 0.05 m，如图 13-47 所示。

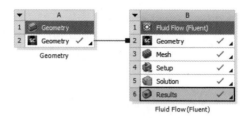

图 13-46　CFD-Post 后处理

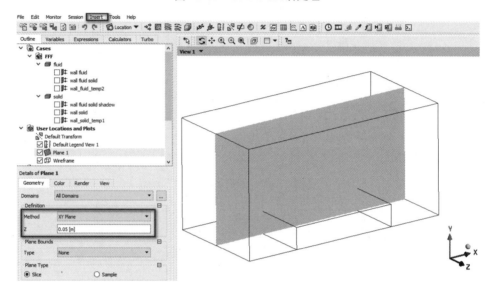

图 13-47　平面创建

(25) 在菜单栏中选择 Insert→Contour，新建一个云图 Contour1。在 Details of Contour1 中，设定 Locations 为 Plane1，Variable 为 Temperature，#of Contours 为 100，单击 Apply 按钮，在 Plane1 上生成温度云图，如图 13-48 所示。

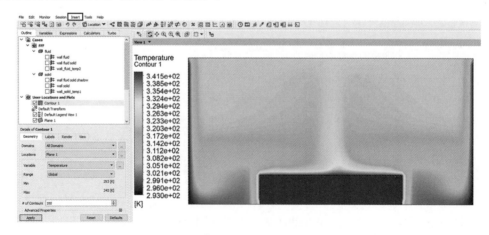

图 13-48　Plane1 上的温度云图

(26) 通过菜单栏中的 Insert→Vector，新建一个矢量图 Vector1。在 Details of Vector1 中，设定 Locations 为 Plane1，单击 Apply 按钮，在 Plane1 上生成矢量图，如图 13-49 所示，可以从矢量图中看到流体的流动方向。

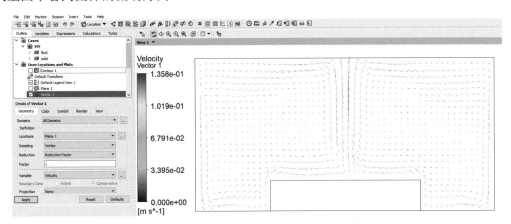

图 13-49　Plane1 上的矢量图

第 14 章 多组分混合计算分析

在本实例中，将使用组分输运模型来处理两种不同组分的流体在混合过程中的
问题。这一模型是广泛用于描述多组分流体在混合过程中的行为和传递特性的工具，
尤其适用于化学反应和热力学过程的研究。

我们采用稳态计算方法，意味着在计算过程中，各物理量不会随时间的变化而变化。在此
情况下，两种不同的气体以各自的速度流入计算区域，我们需要确定它们在这个区域内的速度
分布。

14.1 实 例 介 绍

在本实例中，由于处理的是一个三维流体域，为了简化计算，我们采用了轴对称模型进行
建模。这意味着我们只考虑了围绕某一轴线对称的物理现象，而忽略了一些不重要的细节。这
种模型在处理具有旋转对称特性的问题时非常有效，比如本实例中的流体混合问题。轴对称模
型将整个三维问题简化为了二维问题，从而大大提高了计算效率。通过使用这种简化的模型，
可以更快速地得到结果，同时减少了对计算资源的需求。

本实例的几何模型如图 14-1 所示，这是一个二维模型，该模型可以直接在 ANSYS
Workbench 的 Design Modeler 中快速建立，并完成对各个边界面的命名，其中 inlet1 表示一种
气体入口，inlet2 表示另一种气体入口，wall1 为气体入口的壁面，wall2 为外部的壁面，而 out
则为出口。

图 14-1 几何模型

14.2 分 析 流 程

(1) 启动 ANSYS Workbench，加载 Fluid Flow (Fluent)计算模块。

(2) 右键单击 A3 单元格，选择 Import Mesh File→Browse，弹出"文件选择"对话框，选
择网格模型文件 ex32\ex32.msh，直接导入。

(3) 双击 A3 单元格，并单击 Start 按钮进入 Fluent。

（4）双击模型树节点 General，在打开的 General 面板中，选中 2D Space 选项组中的 Axisymmetric 单选按钮，使用轴对称模型进行计算，如图 14-2 所示。

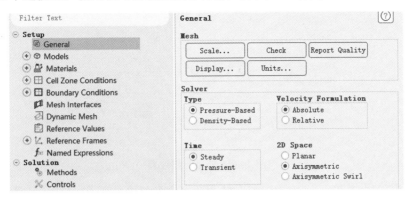

图 14-2　General 面板

（5）选择菜单栏中的 View→Views，如图 14-3 所示。

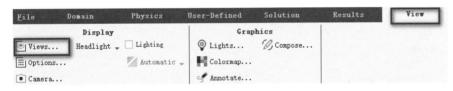

图 14-3　View 功能

（6）打开的 Views 对话框如图 14-4 所示，在 Mirror Planes 列表框中选择 axis，单击 Apply 按钮确认。

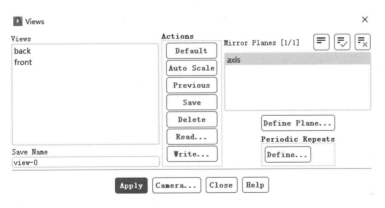

图 14-4　Views 对话框

（7）确认后显示整体模型，如图 14-5 所示。

图 14-5　整体模型

(8) 展开模型树节点 Models，双击 Energy 打开 Energy 对话框，进行能量方程设置，选中 Energy Equation 复选框，如图 14-6 所示。

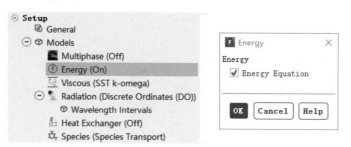

图 14-6　能量方程设置

(9) 双击模型树节点 Viscous，在弹出的对话框中选择 Realizable k-epsilon 湍流模型。

(10) 展开模型和树节点 Models，双击 Species 打开 Species Model 对话框，进行组分运输模型设置，在 Model 选项组中选中 Species Transport 单选按钮，单击 Apply 按钮及 OK 按钮，如图 14-7 所示。

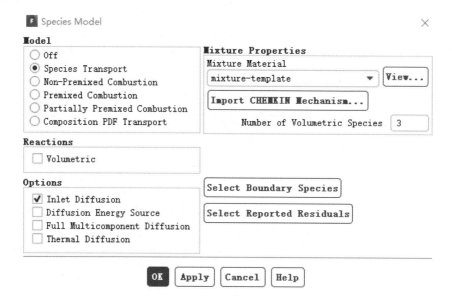

图 14-7　组分输运模型设置

(11) 双击模型树节点 Materials 下的 air，打开 Species Database Materials 对话框，进行材料设置，在 Fluent Fluid Materials 材料数据库中添加丙烷和氧气，单击 Copy 按钮，然后单击 Close 按钮，完成添加，如图 14-8 所示。

(12) 双击模型树节点 Materials 下的 mixture-template，进入混合材料定义对话框，单击 Mixture Species 右侧的按钮 Edit，进入 Species 对话框，进行组分设置，选择的组分包括 O_2、C_3H_8、N_2，如图 14-9 所示，单击 OK 按钮确认。

(13) 双击模型树节点 Boundary Conditions，双击 Zone 列表项 inlet1，打开 Velocity Inlet 对话框，进行丙烷速度入口边界条件设置，设置气体流入速度，在 Momentum 标签页中设置 Velocity Magnitude 为 35m/s，单击 Apply 按钮，如图 14-10 所示。

图 14-8 添加丙烷和氧气

图 14-9 组分设置

图 14-10 丙烷速度入口边界条件设置

(14) 在 Species 标签页中，设置丙烷的质量分数为 1，单击 Apply 按钮，然后单击 Close 按钮，如图 14-11 所示。

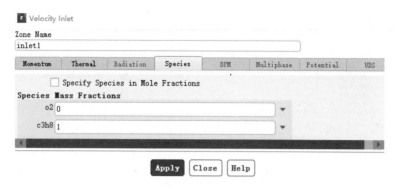

图 14-11　组分质量分数设置(1)

(15) 双击模型树节点 Boundary Conditions，双击 Zone 列表项 inlet2，打开 Velocity Inlet 对话框，进行空气速度入口边界条件设置，设置气体流入速度，在 Momentum 标签页中设置 Velocity Magnitude 为 9 m/s，单击 Apply 按钮，如图 14-12 所示。

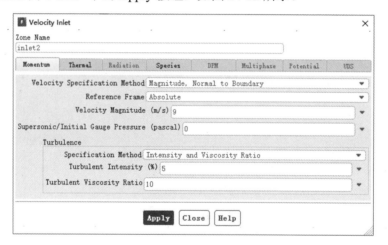

图 14-12　空气速度入口边界条件设置

(16) 在 Species 标签页中，设置流量入口中 O_2 的质量分数为 0.23，单击 Apply 按钮，然后单击 Close 按钮，如图 14-13 所示。

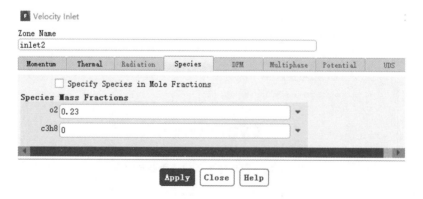

图 14-13　组分质量分数设置(2)

(17) 双击模型树节点 Boundary Conditions，单击 Zone 列表项 out，设置其类型为 outflow，如图 14-14 所示。

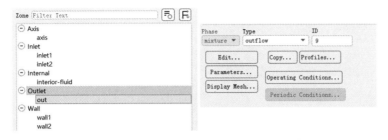

图 14-14　出口边界条件设置

(18) 双击模型树节点 Boundary Conditions，双击 Zone 列表项 wall1，打开 Wall 对话框，进行模型外壁面边界条件设置。在 Thermal 标签页中，选中 Temperature 单选按钮，设置 Temperature 为 313 K，单击 Apply 按钮，如图 14-15 所示。使用同样的方法，设置 wall2 的热边界条件为 313 K。

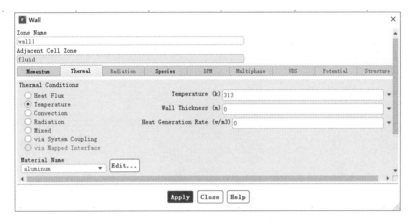

图 14-15　外壁面边界条件设置

(19) 双击模型树节点 Solution→Initialization，打开初始化设置对话框，在 Initialization Methods 选项组中选中 Standard Initialization 单选按钮；在 Compute from 下拉列表框中选择 all-zones，单击 Initialize 按钮进行初始化，如图 14-16 所示。

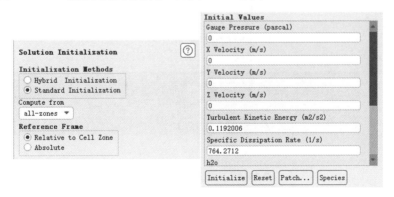

图 14-16　初始化设置

(20) 双击模型树节点 Solution→Run Calculation，设置本次计算的迭代次数，设定 Number of Iterations 为 300，如图 14-17 所示，单击 Calculate 按钮开始计算。

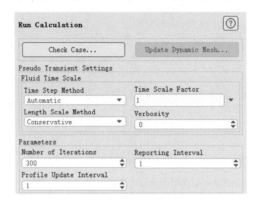

图 14-17　计算参数设置

(21) 计算完成后，双击模型树节点 Results→Graphics→Contours，打开 Contours 对话框，进行云图设置，在 Contours of 下拉列表框中选择 Species 及 Mass fraction of c3h8，如图 14-18 所示。

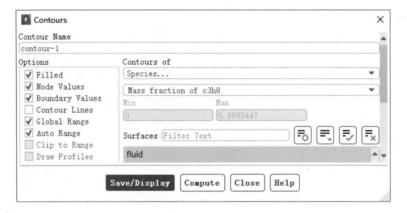

图 14-18　组分云图设置

(22) 单击 Save/Display 按钮之后，得到丙烷的质量分数云图，如图 14-19 所示。

图 14-19　丙烷质量分数云图

(23) 在 Contours of 下拉列表框中选择 Velocity，单击 Save/Display 按钮之后，得到速度云

图，如图 14-20 所示。

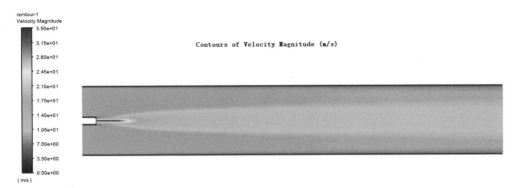

图 14-20　速度云图

(24) 双击模型树节点 Results→Plots→XY Plot，打开 Solution XY Plot 话框，进行图表设置，在 Y Axis Function 下拉列表框中选择 Species 及 Mass fraction of c3h8，在 Surfaces 列表框中选择 axis，如图 14-21 所示。单击 Save/Plot 按钮，得到中心线上丙烷质量分数分布曲线，如图 14-22 所示。

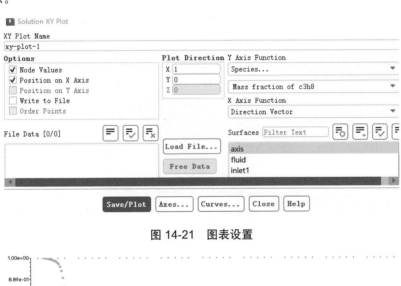

图 14-21　图表设置

图 14-22　丙烷质量分数分布曲线

第 15 章　Fluent 中的表达式功能

Fluent 的表达式功能，即 Fluent Expression，是一种基于 Python 的解释型语言。
通过使用特定的表达式，我们可以精确地指定关于时间、迭代次数、位置和求解变量的复杂边界条件和源项，也能根据时间或迭代指定各种模型和设置求解器，此功能为复杂流动问题的精确模拟提供了可能。

通过使用表达式，我们可以将一些原本需要使用用户自定义函数(UDF)来处理的问题简化。这种表达式的应用，使得数据处理过程更加简洁、高效，降低了不必要的复杂度和计算成本。关于表达式的全面介绍可以参考 ANSYS HELP 文档。

15.1　箱体晃动分析实例介绍

本节以一个箱体内部的流体域模型为例，实例的几何模型如图 15-1 所示。该流体域由空气和水两种流体组成，在这个模型中，采用了多相流模型来模拟两种不同状态的流体之间的相互作用和影响。通过使用 Fluent Expression 功能，实现箱体的晃动，通过设定合适的边界条件和源项，可以模拟箱体在不同时间点的晃动幅度和速度，从而精确地预测流体在箱体晃动过程中的运动情况。

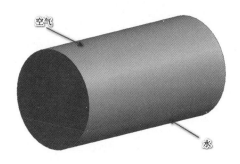

图 15-1　几何模型

15.2　分　析　流　程

(1) 启动 ANSYS Workbench，加载 Fluid Flow (Fluent)计算模块。

(2) 右键单击 A3 单元格，选择 Import Mesh File→Browse，弹出"文件选择"对话框，选择网格模型文件 ex33\ex33.msh，直接导入。

(3) 双击 A3 单元格，并单击 Start 按钮进入 Fluent。

(4) 双击模型树节点 General，在打开的 General 面板中，选中 Transient 单选按钮进行瞬态计算，设定重力加速度，如图 15-2 所示。

(5) 双击模型树节点 Models→Viscous，在弹出的对话框中选择 SST k-omega 湍流模型。

图 15-2　模型设定

（6）双击模型树节点 Materials 下的 air，打开 Create/Edit Materials 对话框，进行材料设置，从 Fluent 的材料数据库中添加水，单击 Change/Create 按钮，然后单击 Close 按钮，完成添加，如图 15-3 所示。

图 15-3　材料添加

（7）双击模型树节点 Models 下的 Multiphase，打开 Multiphase Model 对话框，进行多相流模型设置，在 Model 选项组中选中 Volume of Fluid 单选按钮，如图 15-4 所示，单击 Apply 按钮，然后单击 Close 按钮。

图 15-4　多相流模型设置

(8) 在 Phase 标签页中，将 air 设定为主相，将 water 设定为第二相，如图 15-5、图 15-6 所示。

图 15-5 主相设置

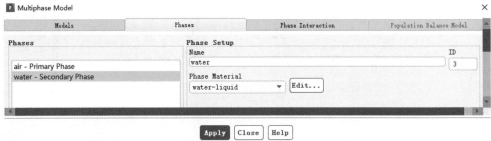

图 15-6 第二相设置

(9) 在 Phase Interaction 标签页中，设置表面张力系数，如图 15-7 所示，单击 Apply 按钮，然后单击 Close 按钮。

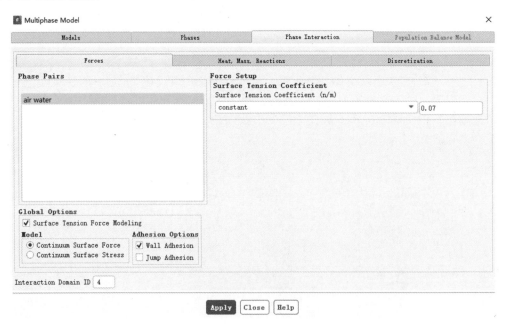

图 15-7 表面张力系数设置

(10) 右键单击模型树节点 Named Expressions，打开 Expression 对话框，在 Name 中设定表达式变量的名称为 velocity，在 Definition 中输入 0.01[m]*2*PI*0.5[Hz]*cos(2*PI*0.5[Hz]*t)，单击 OK 按钮完成箱体晃动速度的定义，如图 15-8 所示。

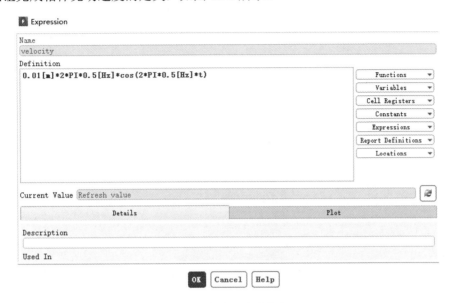

图 15-8　箱体晃动速度定义

(11) 双击模型树节点 Cell Zone Conditions→Fluid，打开 Fluid 对话框，进行流体域设置，选中 Mesh Motion 复选框，同时在 Translational Velocity 中设定 Z 轴方向的速度为 velocity，如图 15-9 所示。

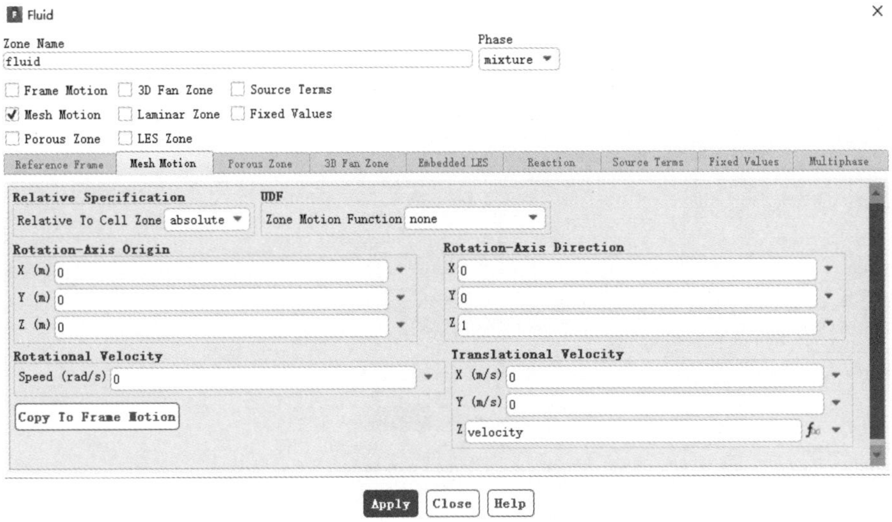

图 15-9　流体域设定

(12) 右键单击模型树节点 Solution→Cell Registers，选择 New→Region，使用 Region 功能创建一个初始区域，在 Input Coordinates 中设定区域在 X、Y、Z 轴方向的范围，如图 15-10 所示，单击 Save/Display 按钮。

(13) 双击模型树节点 Solution→Methods，在 Solution Methods 中，设定 Pressure 为 Body Force Weighted，设定 Transient Formulation 为 Second Order Implicit，如图 15-11 所示。

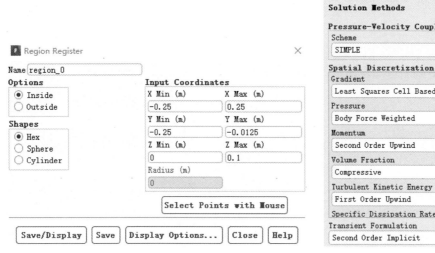

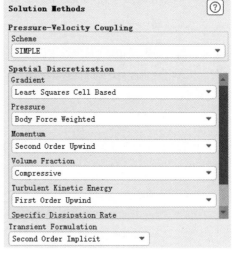

图 15-10　区域设定　　　　　　　　图 15-11　求解设置

(14) 双击模型树节点 Solution→Initialization，打开初始化设置对话框，在 Initialization Methods 选项组中选中 Standard Initialization 单选按钮，在 Compute from 下拉列表框中选择 all-zones，并单击 Initialize 按钮进行初始化。单击 Patch 按钮进入 Patch 对话框，在 Phase 下拉列表框中选择 water，在 Variable 列表框中选择 Volume Fraction，即体积分数，将 Value 设定为 1，在 Registers to Patch 列表框中选择之前创建的 region_0，也就是将该区域的初始状态设定为水相，如图 15-12 所示。

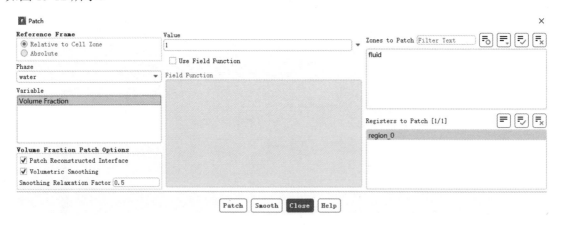

图 15-12　初始化 Patch

(15) 双击模型树节点 Solution→Calculation Activities→Autosave(Every Time Steps)，打开 Autosave 对话框，将 Save Data File Every 设定为 10，即 10 个时间步，如图 15-13 所示。

(16) 双击模型树节点 Solution→Run Calculation，设置本次计算的迭代次数，设定 Number of Time Steps 为 400，Time Step Size 为 0.005 s，如图 15-14 所示，单击 Calculate 按钮开始计算。

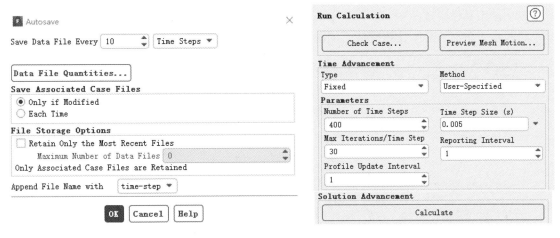

图 15-13　时间步设置　　　　　　　　图 15-14　计算参数设置

15.3　CFD-Post 后处理瞬态动画

(1)　计算完成后，在 ANSYS Workbench 平台中双击 A5 单元格，进入 CFD-Post 进行计算结果的后处理。

(2)　进入 CFD-Post 之后，在菜单栏中选择 Insert→Location→Isosurface，设定其名称为 Isosurface 1，在 Details of Isosurface 1 对话框中，设置 Variable 为 Water.Volume Fraction，Value 为 0.5，单击 Apply 按钮确认，生成 Isosurface 1，如图 15-15 所示。

(3)　在 Details of Isosurface 1 对话框的 Color 标签页中，设定相应的颜色，如图 15-16 所示。

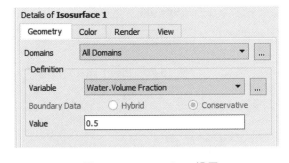

图 15-15　Isosurface 设置　　　　　　　图 15-16　颜色设置(1)

(4)　在菜单栏中选择 Insert→Location→Iso Clip，设定其名称为 Iso Clip 1，在 Details of Iso Clip 1 对话框中，设置 Location 为 wall，在 Visibility parameters 列表框中右键单击新建变量，设置 Variable 为 Water.Volume Fraction，设定其值大于等于 0.5，单击 Apply 按钮确认，生成 Iso Clip 1，如图 15-17 所示。

(5)　在 Details of Iso Clip 1 对话框的 Color 标签页中，设定相应的颜色，如图 15-18 所示。

(6)　完成 Isosurface 1 与 Iso Clip 1 的设置后，模型如图 15-19 所示。

(7)　在工具栏中选择 Insert→Text，设定其名称为 time，如图 15-20 所示。

(8)　在 Details of time 对话框中，设定其类型为 Time Value，使用三位小数计数，如图 15-21 所示。

(9) 在工具栏中选择 Tools→Timestep Selector，打开 Time step Selector 对话框，选择最后一个时间步，单击 Apply 按钮确认，如图 15-22 所示。

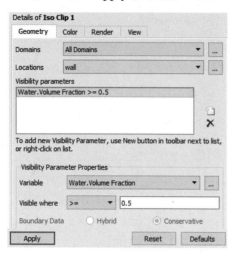

图 15-17　Iso Clip 设置

图 15-18　颜色设置(2)

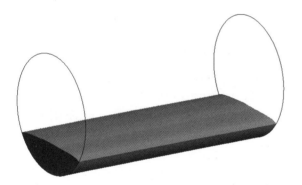

图 15-19　Isosurface1 与 Iso Clip1

图 15-20　Insert Text 对话框

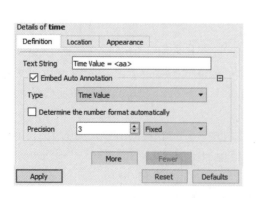

图 15-21　Details of time 对话框

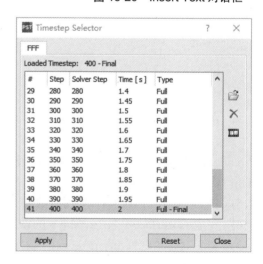

图 15-22　时间步选择

(10) 工具栏中选择 Tools→Animation，打开 Animation 对话框，进行动画设置，选中 Timestep Animation 单选按钮，即可播放当前动画，如图 15-23 所示，当然也可以将当前动画通过 Save Movie 功能导出。

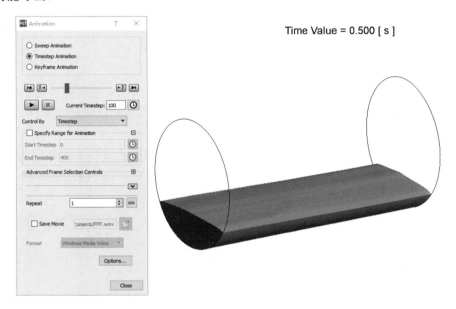

图 15-23　动画播放

第 16 章　UDF 的应用

16.1　变化的热源

Fluent User-Defined Function (UDF) 允许用户通过编写自定义函数来扩展 Fluent 软件的应用范围。通过使用 UDF，用户可以将无法直接在 Fluent 中实现的功能封装到 UDF 中，并在 Fluent 中轻松调用，从而实现 Fluent 的高度定制化。

在使用 UDF 之前，必须确保已经搭建好 UDF 的编译环境，这通常涉及根据用户正在使用的 Fluent 版本选择并安装与之匹配的 Microsoft Visual Studio 版本。正确配置编译环境后，就可以开始编写 UDF 了。

在 Fluent 中，允许用户以 C++语言编写函数，然后将其嵌入到 Fluent 中。这些函数可以用于定义材料属性、边界条件、源项等。

在 Fluent 的 UDF 中，经常会使用以下这些 UDF 宏。

(1)　DEFINE_SOURCE：用于定义源项。

(2)　DEFINE_PROFILE：用于定义边界条件。

(3)　DEFINE_PROPERTY：用于定义材料数据。

(4)　DEFINE_ADJUST：用于参数调整。

(5)　DEFINE_INIT：用于初始化。

16.1.1　实例介绍

在本实例中，将通过 UDF 中的 DEFINE_SOURCE 来实现热源随时间变化的需求。本实例将使用一个简单的立方体模型，如图 16-1 所示，该模型是一个固体域模型，在 0～1.5 s 的时间内，整个固体域源项的热源并不是恒定的常数值，而是随着时间的推移不断变化。这一特性需要在 UDF 中进行详细定义，以便准确地模拟实际情况。

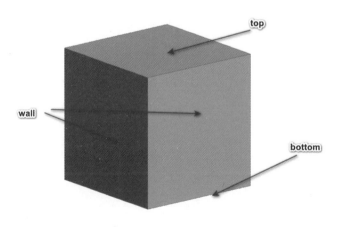

图 16-1　几何模型

16.1.2　分析流程

(1)　启动 ANSYS Workbench，加载 Fluid Flow (Fluent)计算模块。

(2)　右键单击 A3 单元格，选择 Import Mesh File→Browse，弹出"文件选择"对话框，选择网格模型文件 ex34\ex34.msh，直接导入。

(3)　双击 A3 单元格，单击 Start 按钮进入 Fluent。

(4)　双击模型树节点 General，在打开的 General 面板中，选中 Transient 单选按钮进行瞬态计算，如图 16-2 所示。

(5)　双击模型树节点 Models→Energy，打开能量方程。

(6)　双击模型树节点 Models→Viscous，在弹出的对话框中选择 SST k-omega 湍流模型。

(7)　在本实例中，固体域模型在 0～1.5 s 的时间内，其能量源(energy source)是变化的，这里对 DEFINE_SOURCE 函数进行了自定义，函数具体内容如图 16-3 所示。

```
#include "udf.h"
DEFINE_SOURCE(energy_source,c,t,ds,eqn)
{
    real source;
    real flow_time = CURRENT_TIME;
    if (flow_time >= 0 && flow_time <= 0.5)
        source = 20000000;
    else if (flow_time >= 1 && flow_time <= 1.5)
        source = 20000000;
    else
        source = 0;
    return source;
}
```

图 16-2　模型设定　　　　　　　　　　图 16-3　自定义函数

(8)　在工具栏中选择 User-Defined→Functions→Compiled，打开 Compiled UDFs 对话框，使用 Add 按钮将本案例需要使用的自定义函数文件 source.c 导入，单击 Build 按钮，然后单击 Load 按钮，加载该文件，如图 16-4 所示。

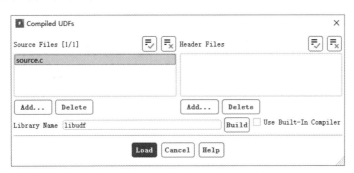

图 16-4　UDF 文件加载

(9)　双击模型树节点 Cell Zone Conditions，在右侧的工作页面中单击固体域模型 Solid，将其 Type 设置为 solid，如图 16-5 所示。本实例中仅计算固体域的传热。

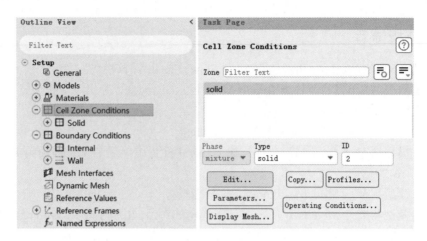

图 16-5　固体域设置

(10) 双击模型树节点 Solid，进入 Solid 对话框，进行固体域设置，选择默认的固体材料 aluminum，选中 Source Terms 复选框，如图 16-6 所示。在标签页 Source Terms 中增加源项，数量为 1，将其数值定义为已经定义的 UDF 参数 energy_source，如图 16-7 所示。

图 16-6　固体域设置

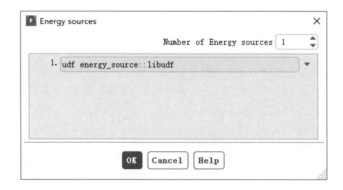

图 16-7　源项设置

(11) 双击模型树节点 Boundary Conditions，打开 Wall 对话框，需要对顶面 top 及壁面 wall 进行热边界条件的设置。为壁面 wall 设定对流换热系数，如图 16-8 所示。顶面 top 设置同样的对流换热系数。

图 16-8　壁面 wall 热边界条件设置

(12) 为验证 UDF 函数是否起作用，需创建监测值，对固体域平均温度进行监测，判断是否实现了其随时间变化的热源。右键单击模型树节点 Solution→Report Definitions，选择 New→Volume Report→Volume Average，监测变量为温度，监测对象为 solid 这个单元格区域 (Cell Zone)，在 Create 选项组中选中 Report File、Report Plot、Print to Console 复选框，如图 16-9 所示。

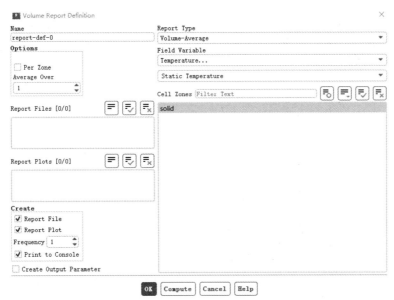

图 16-9　监测值设置

(13) 双击模型树节点 Solution→Initialization，打开初始化设置对话框，在 Initialization Methods 选项组中选中 Standard Initialization 单选按钮，在 Compute from 下拉列表框中选择 all-zones。

(14) 双击模型树节点 Solution→Run Calculation，设置本次计算的迭代次数，设定 Number of

Time Steps 为 150，Time Step Size 为 0.01，共计算 1.5 s，如图 16-10 所示，单击 Calculate 按钮开始计算。

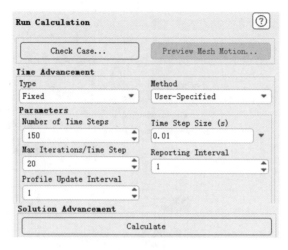

图 16-10　计算参数设置

(15) 在计算过程中得到监测值，监测温度的变化如图 16-11 所示。

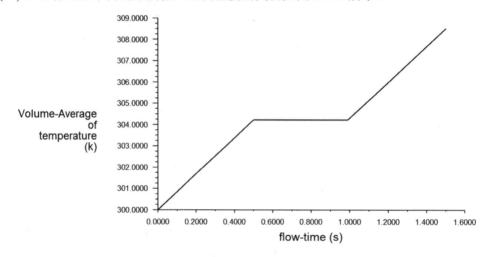

图 16-11　监测温度的变化

16.1.3　导出瞬态计算的节点结果数据

有些读者对 Fluent 计算结果的数据导出比较关心，对于稳态计算，可以通过 File→Export→Solution Data 将数据进行导出。本实例的计算类型为瞬态计算，瞬态计算的结果数据需要使用 File→Export→During Calculation→Solution Data，打开 Automatic Export 对话框，进行自动导出设置，如图 16-12 所示。

可以设定保存的是节点数据，还是单元数据，选择自己关注的变量，设定每隔一个时间步进行数据的保存，也可以设定数据文件的保存路径。完成设定后，再对模型进行初始化并计算，就可以得到本次瞬态计算中的节点结果数据或者单元结果数据了。

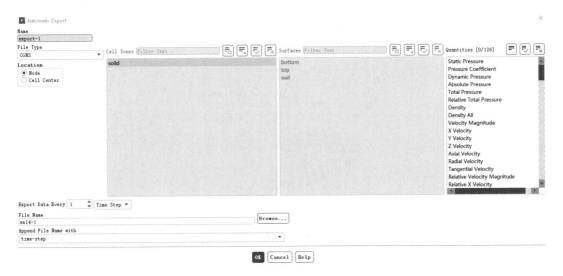

图 16-12　自动导出设置

16.2　热对流换热系数随坐标位置变化实例

16.2.1　实例介绍

在本实例中，我们使用 UDF(用户自定义函数)来实现模型壁面的热对流换热系数随坐标位置变化的需求。为了解决这个问题，我们使用一个长方体模型进行说明，如图 16-13 所示，该模型的坐标原点位于角部顶点。这个模型的四周都是由壁面 wall 构成的，壁面的对流换热系数会随着坐标轴 X 轴的线性变化而变化。这种方法具有很强的实用性和可扩展性，可以广泛应用于其他类似的问题中。

图 16-13　几何模型

16.2.2　分析流程

(1) 启动 ANSYS Workbench，加载 Fluid Flow (Fluent)计算模块。

(2) 右键单击 A3 单元格，选择 Import Mesh File→Browse，弹出 "文件选择" 对话框，选择网格模型文件 ex35\ex35.msh，直接导入。

(3) 双击 A3 单元格，并单击 Start 按钮进入 Fluent。

(4) 双击模型树节点 General，在打开的 General 面板中，选中 Transient 单选按钮进行瞬态计算，如图 16-14 所示。

图 16-14　模型设定

(5)　双击模型树节点 Models→Energy，打开能量方程。

(6)　双击模型树节点 Models→Viscous，在弹出的对话框中选择 SST k-omega 湍流模型。

(7)　双击模型树节点的 Materials→Solid→aluminum，打开 Create/Edit Materials 对话框，单击 Fluent Database 按钮后，设置 Material Type 为 solid，并在 Fluent Solid Materials 下拉列表框中选择 steel，单击 Change/Create 按钮，然后单击 Close 按钮，完成材料创建，如图 16-15 所示。

图 16-15　材料创建

(8)　双击模型树节点 Cell Zone Conditions，并在任务页面的 Zone 列表框中选择当前的计算域 ex14-2-freeparts-1，将其 Type 修改为 solid，如图 16-16 所示。并设定该计算域的材料为 steel，如图 16-17 所示。

(9)　在本实例中，模型壁面 wall 的对流换热系数随 X 轴线性变化，需对 DEFINE_PROFILE 函数进行自定义，函数具体内容如图 16-18 所示，对流换热系数随 200+10*X 进行变化。

(10) 在工具栏中选择 User-Defined→Functions→Compiled，打开 Compiled UDFs 对话框，使用 Add 按钮将本案例需要使用的自定义函数文件 wall.c 导入，单击 Build 按钮，然后单击 Load 按钮，加载该文件，如图 16-19 所示。

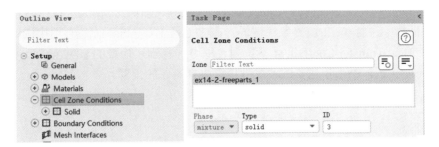

图 16-16　计算域设定

图 16-17　计算域材料设定

```
#include "udf.h"
#define PI 3.141592654
DEFINE_PROFILE(wall_profile, thread, position)
{
    real r[3];
    real x;
    face_t f;

    begin_f_loop(f, thread)
    {
      F_CENTROID(r,f,thread);
      x = r[0];
      F_PROFILE(f, thread, position) = 200+10*x;
    }
    end_f_loop(f, thread)
}
```

图 16-18　自定义函数

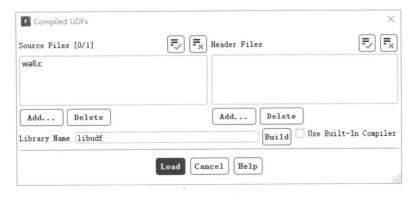

图 16-19　UDF 文件加载

(11) 双击模型树节点 Boundary Conditions，在任务页面的 Zone 列表框中双击壁面 wall，打开 Wall 对话框，进行 Wall 边界条件设置。在 Thermal Conditions 选项组中选中 Convention 单选按钮，在 Heat Transfer Coefficient 下拉列表框中选择刚才加载的 UDF 函数，如图 16-20 所示，单击 Apply 按钮，然后单击 Close 按钮完成边界条件的设置。

图 16-20　壁面边界条件设置

(12) 双击模型树节点 Solution→Initialization，打开初始化设置对话框，在 Initialization Methods 选项组中选中默认的 Hybrid Initialization 单选按钮，单击 Initialize 按钮进行初始化。

(13) 单击 Patch 按钮，打开 Patch 对话框，设置整个计算域的初始温度为 600 k，如图 16-21 所示。

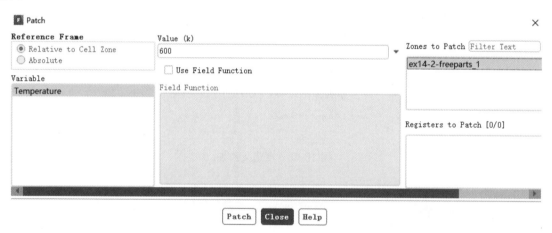

图 16-21　初始温度设置

(14) 双击模型树节点 Solution→Run Calculation，设置本次计算的迭代次数，设定 Number of Time Steps 为 600，Time Step Size 为 1 s，共计算 600 s，即计算经过 600 s 后传热模型的温度变化，如图 16-22 所示，单击 Calculate 按钮开始计算。

(15) 计算完成后，得到模型壁面的温度云图，如图 16-23 所示，由于壁面对流换热系数呈线性变化，所以壁面温度分布也呈现相同的变化趋势。

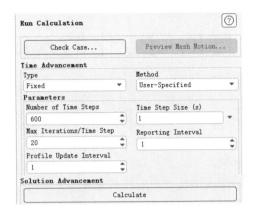

图 16-22　计算参数设置

图 16-23　模型壁面温度布云图

第 17 章   随时间变化的入口边界条件

17.1   使用 UDF 处理随时间变化的入口速度

速度入口边界条件是工程应用中广泛使用的一类边界条件类型，它通过设定入口速度的固定常数值来进行计算，这对于绝大多数的应用场景来说非常适用。然而，如果需要考虑入口速度随时间变化的情况，就需要采取一些额外的措施，这可以通过使用 UDF(用户自定义函数)的方式，或者利用表达式功能以及使用 Profile 文件的方式来实现。

17.1.1   实例介绍

在本实例中，采用 UDF 的方式来实现入口速度随时间变化的功能。本实例使用一个直管道模型，该模型的结构如图 17-1 所示，模型中有一个速度入口，一个压力出口。在模型的计算过程中，我们通过编写 UDF 来定义入口速度随时间变化的规律，这种定义可以是任意的，能够根据实际应用场景的需要来进行调整。

在 UDF 中，我们可以定义速度随时间变化的规律，例如线性变化、指数变化等。通过这种方式，我们可以更好地模拟实际情况，得到更加精确的结果。

图 17-1   几何模型

17.1.2   分析流程

(1)   启动 ANSYS Workbench，加载 Fluid Flow (Fluent)计算模块。

(2)   右键单击 A3 单元格，选择 Import Mesh File→Browse，弹出"文件选择"对话框，选择网格模型文件 ex36\ex36.msh，直接导入。

(3)   双击 A3 单元格，并单击 Start 按钮进入 Fluent。

(4)   双击模型树节点 General，在打开 General 面板中，选中 Transient 单选按钮进行瞬态计算，如图 17-2 所示。

(5)   双击模型树节点 Models→Viscous，在弹出的对话框中选择 SST k-omega 湍流模型。

(6)   在本实例中，模型的入口速度随时间变化，在 0~1 s 内，速度为 1 m/s；在 1~4 s 内，速度为 2 m/s；在 4 s 以后，速度为 3 m/s。这里对 DEFINE_PROFILE 函数进行了自定义，函数具体内容如图 17-3 所示。

图 17-2　模型设定

```
#include "udf.h"
DEFINE_PROFILE(inlet_velocity, thread, position)
{
    face_t f;
    real flow_time = CURRENT_TIME;
    begin_f_loop(f, thread)
    {
        if (flow_time <= 1)
            F_PROFILE(f, thread, position) = 1;
        else if (flow_time <= 4)
            F_PROFILE(f, thread, position) = 2;
        else
            F_PROFILE(f, thread, position) = 3;
    }
    end_f_loop(f, thread)
}
```

图 17-3　自定义函数

(7) 在工具栏中选择 User-Defined→Functions→Compiled，打开 Compiled UDFs 对话框，使用 Add 按钮将本案例需要使用的自定义函数文件 velocity.c 导入，单击 Build 按钮，然后单击 Load 按钮，加载该文件，如图 17-4 所示。

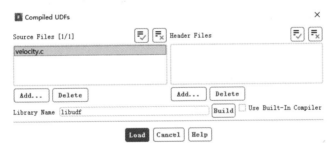

图 17-4　UDF 文件加载

(8) 双击模型树节点 Boundary Conditions，在任务页面的 Zone 列表框中选择入口 in，设定其边界类型为 velocity-inlet，如图 17-5 所示。

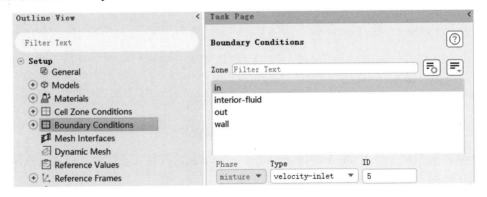

图 17-5　入口边界设定

(9) 在 Velocity Inlet 对话框的 Velocity Magnitude 中设定入口速度为已经加载的 UDF 自定

义函数，如图 17-6 所示。

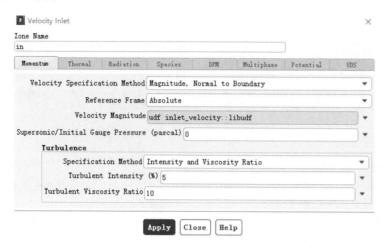

图 17-6　入口速度设定

(10) 创建入口速度的监测值，对计算过程中入口速度的变化进行监测，判断是否实现了其随时间变化的入口速度。右键单击模型树节点 Solution→Report Definitions，选择 New→Surface Report→Area-Weighted Average，设置监测变量为速度，监测对象为 in，在 Create 选项组中选中 Report File、Report Plot、Print to Console 复选框，如图 17-7 所示。

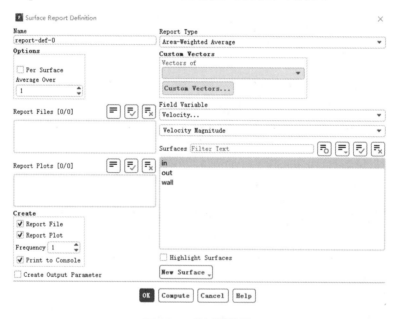

图 17-7　监测值设置

(11) 双击模型树节点 Solution→Calculation Activities，在任务页面中，设置本次瞬态计算每一个时间步保存一次，如图 17-8 所示。

(12) 双击模型树节点 Solution→Initialization，打开初始化设置对话框，在 Initialization Methods 选项组中选中 Standard Initialization 单选按钮，在 Compute from 下拉列表框中选择 all-zones，单击 Initialize 按钮进行初始化。

(13) 双击模型树节点 Solution→Run Calculation，设置本次计算的迭代次数，设定 Number of Time Steps 为 60，Time Step Size 为 0.1 s，共计算 6 s，单击 Calculate 按钮开始计算。

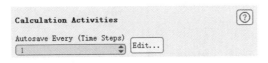

图 17-8　自动保存设置

(14) 在计算过程中，可以通过监测得到入口速度随时间变化的曲线，如图 17-9 所示。

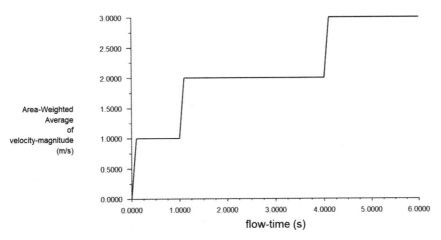

图 17-9　入口速度变化曲线

17.1.3　CFD-Post 后处理生成瞬态曲线

完成瞬态计算后，可以通过 CFD-Post 进行结果后处理，得到出口的结果数据随时间变化的曲线。

(1) 在 ANSYS Workbench 平台中双击 A5 单元格，进入 CFD-Post 进行计算结果的后处理。

(2) 进入 CFD-Post 之后，在菜单栏中选择 Insert→Location→Point，新建一个 Point，设定其名称为 Point 1，在 Details of Point 1 对话框中，设置 Method 为 Variable Maximum，Location 为 out，Variable 为 Velocity，单击 Apply 按钮确认，生成 Point 1，如图 17-10 所示。

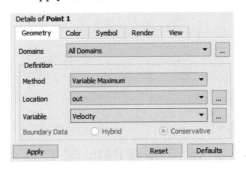

图 17-10　Point 创建

(3) 在菜单栏中选择 Insert→Chart，新建一个 Chart，设定其名称为 Chart 1，在 Type 选项组中选中 XY-Transient or Sequence 单选按钮，设置图表类型，如图 17-11 所示。

(4) 在 Data Series 标签页中，设定 Location 为 Point 1，如图 17-12 所示。

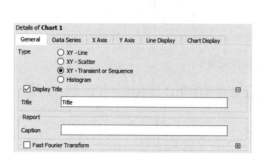

图 17-11　Chart 创建

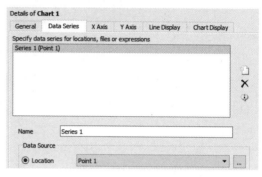

图 17-12　Chart 设置(1)

(5) 在 Y Axis 标签页中，设定 Variable 为 Velocity，如图 17-13 所示。

图 17-13　Chart 设置(2)

(6) 单击 Apply 按钮之后，得到出口速度最大值随时间变化的曲线，如图 17-14 所示。

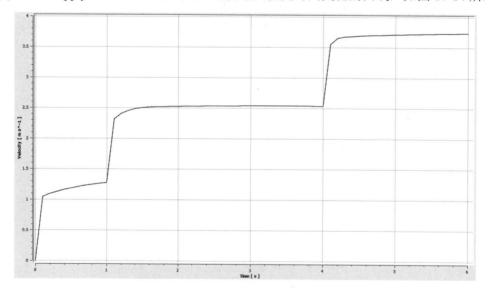

图 17-14　出口速度最大值变化曲线

17.2　使用表达式处理随时间变化的入口速度

在前面的实例中，我们介绍了使用 UDF 的方式来完成对随时间变化的入口速度的定义，这种方法的确可以满足我们的需求,但有时可能需要更快速的定义方式,这时就可以借助 Fluent Expression,也就是表达式功能来实现。这是一种更加便捷的方法,可以在保证准确性的同时,大大简化工作量。

17.2.1　实例介绍

本实例依然使用 17.1 节中的直管道模型,这个模型主要包含一个速度入口和一个压力出口。

17.2.2　分析流程

(1)　启动 ANSYS Workbench,加载 Fluid Flow (Fluent)计算模块。

(2)　右键单击 A3 单元格,选择 Import Mesh File→Browse,弹出"文件选择"对话框,选择网格模型文件 ex37\ex37.msh,直接导入。

(3)　双击 A3 单元格,并单击 Start 按钮进入 Fluent。

(4)　双击模型树节点 General,在打开的 General 面板中,选中 Transient 单选按钮进行瞬态计算,如图 17-15 所示。

(5)　双击模型树节点 Models→Viscous,在弹出的对话框中选择 SST k-omega 湍流模型。

(6)　双击模型树节点 Named Expressions,打开 Expression 对话框,进行表达式的定义,如图 17-16 所示。

图 17-15　模型设定

图 17-16　Expression 对话框

(7)　在本实例中,模型的入口速度随时间变化,在 0~1 s 内,速度为 1 m/s;在 1~4 s 内,速度为 2 m/s;在 4 s 以后,速度为 3 m/s。设定表达式变量为 in_velocity,在 Definition 中定义表达式为 IF(Time<=1[s],1[m/s],IF(Time<=4[s],2[m/s],3[m/s])),如图 17-17 所示。

(8) 双击模型树节点 Boundary Conditions，在任务页面的 Zone 列表框中选择入口 in，设定其边界类型为 velocity-inlet，如图 17-18 所示。

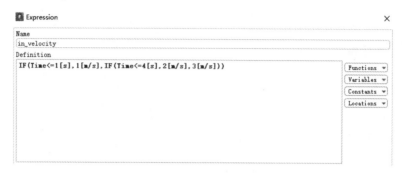

图 17-17　表达式定义

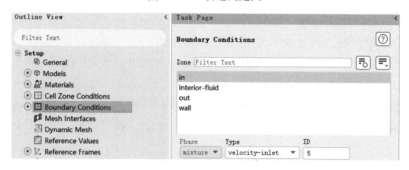

图 17-18　入口边界设定

(9) 在 Velocity Inlet 对话框中，进行入口速度设置，在 Velocity Magnitude 中设定其速度为已经定义的表达式 in_velocity，如图 17-19 所示。

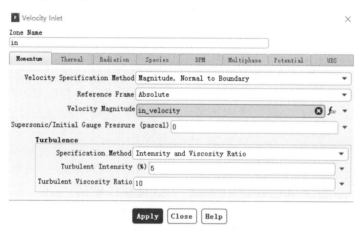

图 17-19　入口速度设定

(10) 创建入口速度的监测值，对计算过程中入口速度的变化进行监测，判断是否实现了其随时间变化的入口速度。右键单击模型树节点 Solution→Report Definitions，选择 New→Surface Report→Area-Weighted Average，设置监测变量为速度，监测对象为 in，在 Create 选项组中选中 Report File、Report Plot、Print to Console 复选框，如图 17-20 所示。

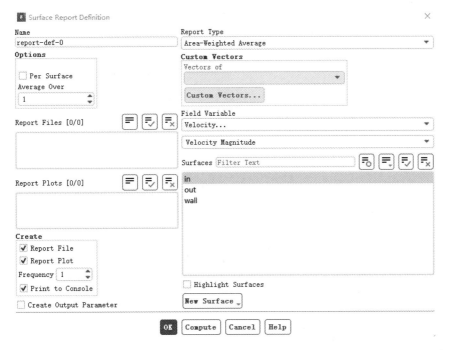

图 17-20　监测值设置

(11) 双击模型树节点 Solution→Initialization，打开初始化设置对话框，在 Initialization Methods 选项组中选中 Standard Initialization 单选按钮，在 Compute from 下拉列表中选择 all-zones，单击 Initialize 按钮进行初始化。

(12) 双击模型树节点 Solution→Run Calculation，设置本次计算的迭代次数，设定 Number of Time Steps 为 60，Time Step Size 为 0.1 s，共计算 6 s，单击 Calculate 按钮开始计算。

(13) 在计算过程中，可以通过监测得到入口速度随时间变化的曲线，如图 17-21 所示。总的来说，无论是使用 UDF 还是使用表达式，都是为了更好地满足我们对模拟的需求，通过灵活运用这些工具，可以更加高效地进行模拟工作。

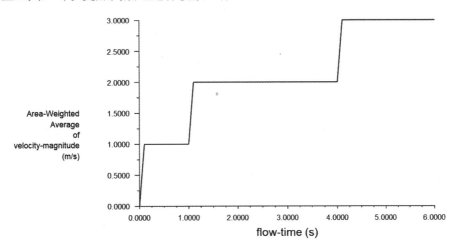

图 17-21　入口速度变化曲线

17.3 使用 Profile 文件处理随时间变化的入口速度

除了可以使用 UDF 和表达式功能来处理随着时间变化的入口速度，还可以使用 Fluent 的 Profile 文件来实现。Profile 文件的编写格式可以参考 Fluent 软件的帮助文档。

17.3.1 实例介绍

本实例同样使用 17.1 节中的直管道模型，模型有一个速度入口和一个压力出口，使用 Profile 文件对入口速度进行定义。

17.3.2 分析流程

(1) 启动 ANSYS Workbench，加载 Fluid Flow (Fluent)计算模块。

(2) 右键单击 A3 单元格，选择 Import Mesh File→Browse，弹出"文件选择"对话框，选择网格模型文件 ex38\ex38.msh，直接导入。

(3) 双击 A3 单元格，并单击 Start 按钮进入 Fluent。

(4) 双击模型树节点 General，在打开的 General 面板中，选中 Transient 单选按钮进行瞬态计算，如图 17-22 所示。

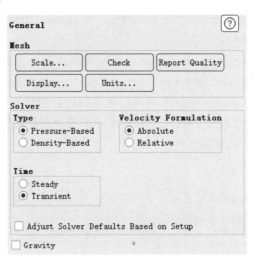

图 17-22 模型设定

(5) 双击模型树节点 Models→Viscous，在弹出的对话框中选择 SST k-omega 湍流模型。

(6) 在本实例中，分析入口速度随时间的变化，使用记事本编写入口速度随时间变化的 Profile 文件，时间 time 从 0.1 s 增加到 1 s，对应的速度从 0.5 m/s 变化到 0.6 m/s，如图 17-23 所示。

(7) 双击模型树节点双击 Boundary Conditions，在任务页面的 Zone 列表框中选择入口 in，设定其边界类型为 velocity-inlet，如图 17-24 所示。

图 17-23　Profile 文件

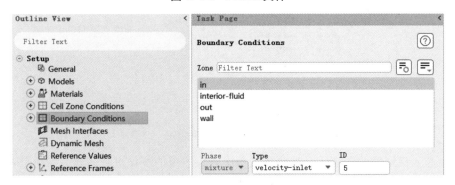

图 17-24　入口边界设定

(8)　单击 Profiles 按钮，如图 17-25 所示，打开 Profiles 对话框，读取之前创建好的.txt 格式的 Profile 文件，如图 17-26 所示。

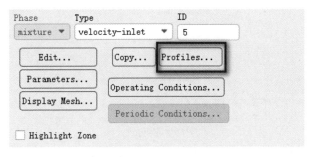

图 17-25　Profile 功能

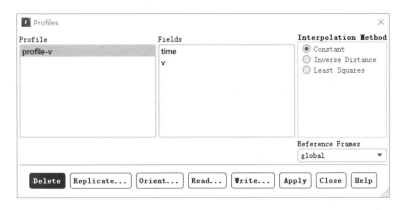

图 17-26　Profile 文件设置

(9)　在 Velocity Inlet 对话框中，进行入口速度设置，在 Velocity Magnitude 中设定其速度为已经定义的 Profile 文件 profile-v，如图 17-27 所示。

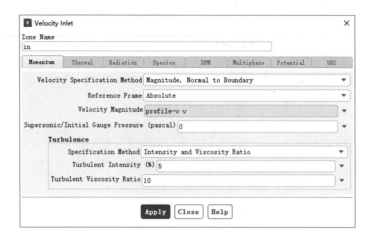

图 17-27 入口速度设定

(10) 创建入口速度的监测值，对计算过程中入口速度的变化进行监测，判断是否实现了其随时间变化的入口速度。右键单击模型树节点 Solution→Report Definitions，选择 New→Surface Report→Area-Weighted Average，设置监测变量为速度，监测对象为 in，在 Create 选项组中选中 Report File、Report Plot、Print to Console 复选框，如图 17-28 所示。

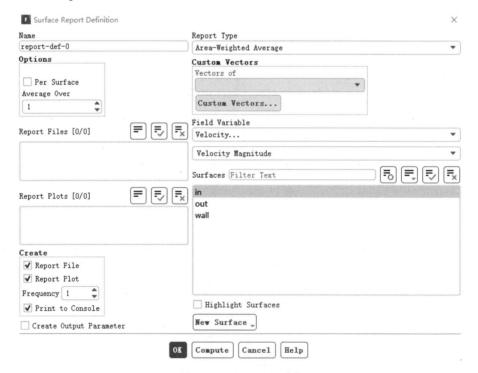

图 17-28 监测值设置

(11) 双击模型树节点 Solution→Initialization，打开初始化设置对话框，在 Initialization Methods 选项组中选中 Standard Initialization 单选按钮，在 Compute from 下拉列表框中选择 all-zones，单击 Initialize 按钮进行初始化。

(12) 双击模型树节点 Solution→Run Calculation，设置本次计算的迭代次数 Number of Time

Steps 为 100，Time Step Size 为 0.01 s，共计算 1 s，单击 Calculate 按钮开始计算。

(13) 在计算过程中，可以通过监测得到入口速度随时间变化的曲线，如图 17-29 所示。不管是使用 UDF，还是表达式，或者是 Profile 文件，都是我们拓展 Fluent 基础功能的手段，在实际的工程应用中，还是需要根据自己实际的模型情况与需求，选择一个最适合的方法去应用。

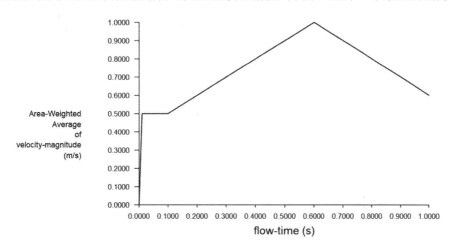

图 17-29　入口速度变化曲线

17.4　使用 UDF 处理脉冲形式周期变化的入口速度

在实际的工程应用中，我们经常会遇到一些物理量，如功率、流速、温度等，它们会随着时间的推移而进行脉冲循环变化。这种变化通常呈现出一种规律性，例如在一定时间间隔内突然增加或减少，然后再恢复到原始值。对于这类问题，使用 UDF 进行处理是相对简单的。

17.4.1　实例介绍

本实例同样使用了 17.1 节中的直管道模型，该模型具有一个速度入口和一个压力出口，我们使用 UDF 对入口速度进行了定义。具体来说，我们定义入口速度是随时间进行脉冲循环变化的，这个变化过程可以通过 UDF 进行精确的控制和调整。

为了更好地理解这种脉冲循环变化的过程，我们可以将其描述为一种周期性的波动。例如，在一定的时间间隔内，速度值会突然增加到一个峰值，然后迅速下降到零，并保持一段时间后再次重复这个过程。这种变化模式可以被 UDF 捕获并准确地反映在模拟结果中。

本实例中，是在 DEFINE_PROFILE 宏内部创建了一个循环，在循环内部再去判断脉冲的变化。

17.4.2　分析流程

(1) 启动 ANSYS Workbench，加载 Fluid Flow (Fluent)计算模块。

(2) 右键单击 A3 单元格，选择 Import Mesh File→Browse，弹出"文件选择"对话框，选择网格模型文件 ex39\ex39.msh，直接导入。

（3）双击 A3 单元格，并单击 Start 按钮进入 Fluent。

（4）双击模型树节点 General，在打开的 General 面板中，选中 Transient 单选按钮进行瞬态计算，如图 17-30 所示。

（5）双击模型树节点 Models→Viscous，在弹出的对话框中选择 SST k-omega 湍流模型。

（6）在本实例中，入口速度随时间变化，而且是脉冲循环变化，比如在 0～1 s 内，速度为 5 m/s，在 1～2 s 时间内，速度为 0，在 2～3 s 内，速度为 5 m/s，在 3～4 s 内，速度为 0，以此类推不断循环。可以使用 UDF 对 DEFINE_PROFILE 函数进行定义，如图 17-31 所示。

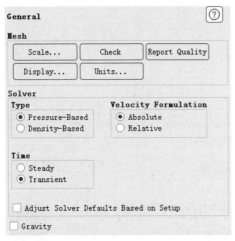

图 17-30　模型设定

```c
#include "udf.h"

DEFINE_PROFILE(inlet_velocity_maichong, thread, position)
{
    face_t f;
    real flow_time = CURRENT_TIME;
    int n;
    n = (int)(flow_time / 2);
    begin_f_loop(f, thread)
    {
        if (flow_time > 2 * n && flow_time <= 2 * n + 1)
            F_PROFILE(f, thread, position) = 5;
        else if (flow_time>2 * n + 1 && flow_time <= 2 * (n + 1))
            F_PROFILE(f, thread, position) = 0;
    }
    end_f_loop(f, thread)
}
```

图 17-31　自定义函数

（7）在工具栏中选择 User-Defined→Functions→Compiled，打开 Compiled UDFs 对话框，使用 Add 按钮将刚才定义好的自定义函数文件 velocity.c 导入，单击 Build 按钮，然后单击 Load 按钮，加载该文件，如图 17-32 所示。

图 17-32　UDF 文件加载

（8）双击模型树节点 Boundary Conditions，在任务页面的 Zone 列表框中选择入口 in，设定其边界类型为 velocity-inlet，如图 17-33 所示。

（9）在 Velocity Inlet 对话框中，进行入口速度设置，在 Velocity Magnitude 中设定其速度为已经加载的 UDF 自定义函数，如图 17-34 所示。

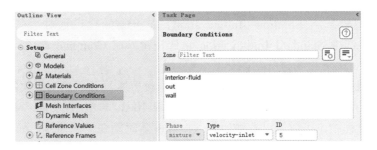

图 17-33　入口边界设定

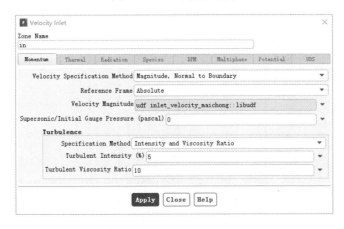

图 17-34　入口速度设定

(10) 创建入口速度的监测值，对计算过程中入口速度的变化进行监测，判断是否实现了其随时间变化的入口速度。右键单击模型树节点 Solution→Report Definitions，选择 New→Surface Report→Area-Weighted Average，设置监测变量为速度，监测对象为 in，在 Create 选项组中选中 Report File、Report Plot、Print to Console 复选框，如图 17-35 所示。

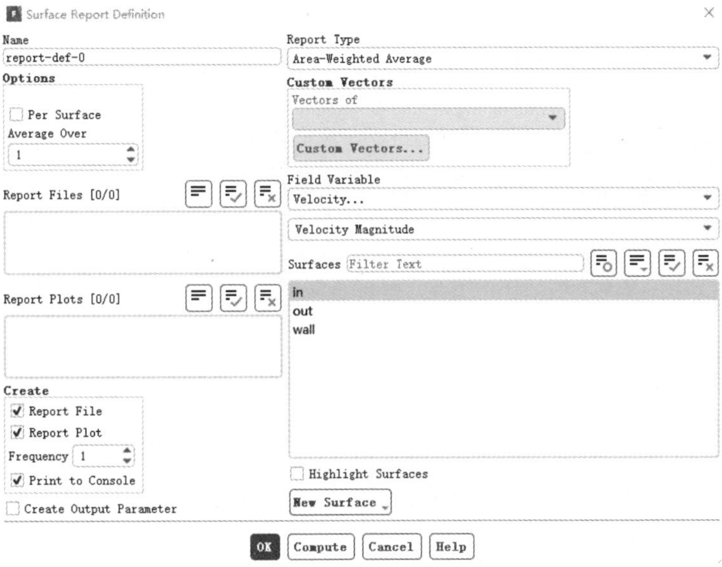

图 17-35　监测值设置

(11) 双击模型树节点 Solution→Initialization，打开初始化设置对话框，在 Initialization Methods 选项组中选中 Standard Initialization 单选按钮，在 Compute from 下拉列表框中选择 all-zones，单击 Initialize 按钮进行初始化。

(12) 双击模型树节点 Solution→Run Calculation，设置本次计算的迭代次数，设定 Number of Time Steps 为 1000，Time Step Size 为 0.01 s，共计算 10 s，单击 Calculate 按钮开始计算。

(13) 在计算过程中，可以通过监测得到入口速度随时间变化的曲线，如图 17-36 所示。

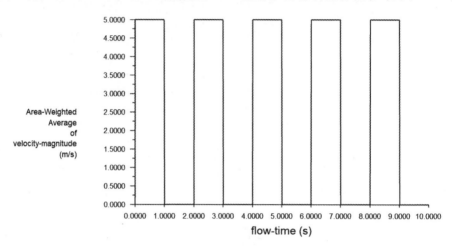

图 17-36　入口速度变化曲线

第18章 动网格的应用

在流场计算中，往往会涉及移动或旋转的物体，比如在进行直线运动的带钢，或在管道中做旋转运动的阀门阀板。这类存在刚体运动的问题，通常都可以利用动网格模型来处理。

动网格模型通过定义边界或网格节点的运动来模拟部件的运动。这种模型的运动方式可以分为主动运动和被动运动。主动运动定义了部件边界或节点的运动速度，被动运动则应用了牛顿第二定律，根据部件所受的力来计算其运动速度。

对于运动速度的定义，可以通过 Profile 文件进行，也可以通过 UDF 宏来进行。在动网格模型中，应用最多的用于定义刚体运动的宏是 DEFINE_CG_MOTION，它可以定义平动、转动等。这个宏可以用于边界、区域等。

对于三维带钢模型在流场中的刚体平移，就可以使用 Profile 文件，快速定义其在某个时间段内，沿水平方向运动的平移速度。对于阀门阀板在流场中的旋转，只需要定义其绕旋转轴转动的角速度即可。

18.1 流场中的刚体旋转运动实例介绍

在本实例中，采用了动网格模型与 Profile 文件，对流场中的阀板转动进行模拟。流体域模型的示意图如图 18-1 所示。这个模型清晰地展示了流场中阀板转动的具体形态，阀板在受到流体的冲击后开始旋转，同时对周围的流体产生影响，这种复杂的流体、刚体相互作用的情景可以通过动网格模型和 Profile 文件的联合应用进行准确的模拟。

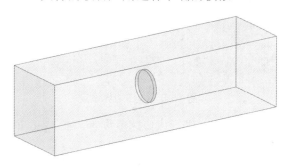

图 18-1 流体域模型

18.2 分 析 流 程

(1) 启动 ANSYS Workbench，加载 Fluid Flow (Fluent)计算模块。

(2) 右键单击 A3 单元格，选择 Import Mesh File→Browse，弹出"文件选择"对话框，选择网格模型文件 ex40\ex40.msh，直接导入。

(3) 双击 A3 单元格，并单击 Start 按钮进入 Fluent。

(4) 双击模型树节点 General，在打开的 General 面板中，选中 Transient 单选按钮进行瞬态计算，如图 18-2 所示。

图 18-2 模型设定

(5) 双击模型树节点 Models→Viscous，在弹出的对话框中选择 k-epsilon Realizable 湍流模型。

(6) 双击模型树节点 Boundary Conditions，在任务页面的 Zone 列表框中选择入口 in，设定其边界类型为 velocity-inlet，如图 18-3 所示。

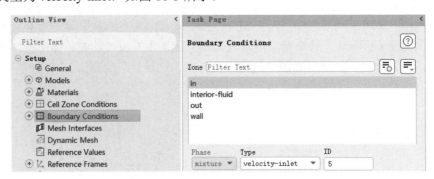

图 18-3 入口边界设定

(7) 在 Velocity Inlet 对话框中，进行入口速度设置，在 Velocity Magnitude 中设定其速度为 5 m/s，如图 18-4 所示。

(8) 在本实例中，使用 Profile 文件定义流体域内的圆形阀板绕中心轴的旋转运动，使用 time 定义计算时间，使用 omega_y 定义角速度，如图 18-5 所示。

(9) 双击模型树节点 Cell Zone Conditions，在任务页面中单击 Profiles 按钮，如图 18-6 所示，打开 Profiles 对话框，读取之前已经创建的.txt 格式的 Profile 文件，如图 18-7 所示，单击 Apply 按钮确认，然后单击 Close 按钮。

(10) 双击模型树节点 Dynamic Mesh，选中 Dynamic Mesh 复选框，打开动网格功能，并取消选中 Smoothing 复选框，如图 18-8 所示。

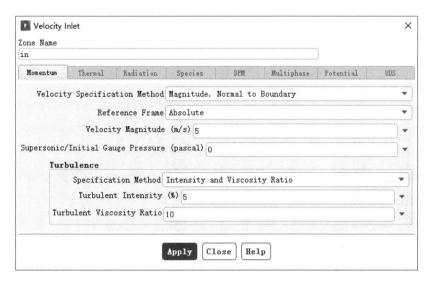

图 18-4　入口速度设定

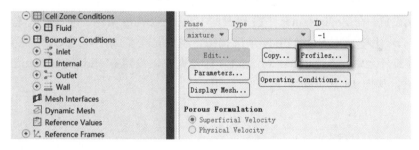

图 18-5　Profile 文件

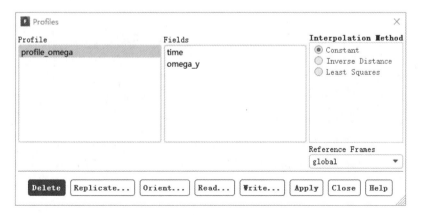

图 18-6　Profile 功能

图 18-7　Profile 文件设置对话框

图 18-8　打开动网格功能

(11) 单击 Settings 按钮，在 Mech Method Settings 对话框的 Method 选项组中，选中 Diffusion 单选按钮，如图 18-9 所示。

图 18-9　动网格设置

(12) 在动网格任务页面中，单击 Create/Edit 按钮，打开 Dynamic Mesh Zones 对话框，进行动网格区域设置，在 Zone Names 下拉列表框中选择 moving_wall，也就是流体域中的阀板壁面，在 Type 选项组中选中 Rigid Body 单选按钮，也就是类型为刚体运动，阀板壁面将在流体域中进行刚体旋转运动，在 Motion Attributes 标签页中，设定 Motion UDF/Profile 为已经加载的 Profile 文件，如图 18-10 所示。

图 18-10　动网格区域设置

(13) 在 Meshing Options 标签页中，设定 Cell Height 为 0.002 m，单击 Create 按钮完成壁面 moving_wall 的动网格区域的创建，如图 18-11 所示。

图 18-11　动网格区域创建

(14) 在动网格任务页面中，单击 Display Zone Motion 按钮，进行运动预览，如图 18-12 所示。

图 18-12　运动预览

(15) 在打开的 Zone Motion 对话框中，进行区域运动预览设置，设置 Time Step 为 0.001 s，Number of Steps 为 40，单击 Preview 按钮，就可以预览当前 moving_wall 壁面的运动，如图 18-13 所示。预览结束，单击 Reset 按钮进行复位。

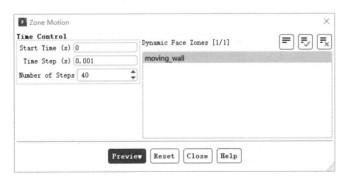

图 18-13　区域运动预览设置

(16) 双击模型树节点 Solution→Initialization，打开初始化设置对话框，在 Initialization Methods 选项组中选中 Standard Initialization 单选按钮，在 Compute from 下拉列表框中选择 all-zones，单击 Initialize 按钮进行初始化。

(17) 右键单击模型树节点 Results 下的 Surfaces，选择 New→Iso Surface，打开 Iso-Surface 对话框，在这里需要创建一个流体域的中心平面，便于后处理中的云图查看。设定 New Surface Name 为 y-0，Surface of Constant 为 Mesh，以及 Y-Coordinate、Iso-Values 为 0，单击 Create 按钮完成平面的创建，如图 18-14 所示。

图 18-14　中心平面创建

(18) 右键单击模型树节点 Results→Graphics→Contours，选择 New 打开 Contours 对话框，进行云图创建，在 Contours of 下拉列表框中选择 Velocity，在 Surfaces 列表框中选择创建好的 y-0 平面，我们需要在后处理中查看该平面内的速度云图，单击 Save/Display 按钮完成创建，如图 18-15 所示。

图 18-15　速度云图创建

(19) 双击模型树节点 Solution→Calculation Activities→Autosave，打开 Autosave 对话框，进行自动保存设置，设定每一个时间步保存一次，在 Save Associated Case Files 选项组中选中 Each Time 单选按钮，单击 OK 按钮完成设置，如图 18-16 所示。

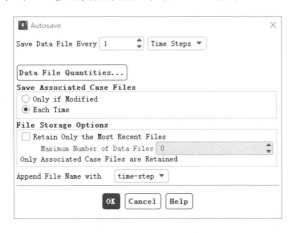

图 18-16　自动保存设置

(20) 双击模型树节点 Solution→Calculation Activities→Solution Animations，打开 Animation Definition 对话框，进行动画设置，在 Animation Object 列表框中选择创建好的速度云图 contour-1，即我们需要查看该速度云图随时间变化的过程，同时可以在 Animation View 下拉列表框中选择云图的视角，在本实例中，单击 Use Active 按钮，也就是选择当前的视角，如图 18-17 所示。单击 OK 按钮完成设置。

图 18-17　动画设置

(21) 双击模型树节点 Solution→Run Calculation，设置本次计算的迭代次数，设定 Number of Time Steps 为 40，Time Step Size 为 0.001 s，共计算 0.04 s，将 Max Iterations/Time Step 设定为

40，单击 Calculate 按钮开始计算。由于我们已经设置了动画，所以在计算过程中可以监测到流体域中心平面的速度云图的变化，如图 18-18 所示。

图 18-18　监控动画

(22) 计算完成后，双击模型树节点 Results→Animations→Playback，打开 Playback 对话框，通过播放，就可以得到该平面的速度云图随时间的变化，如图 18-19 所示。后续当然也可以进入 CFD-Post 进行进一步的后处理工作。

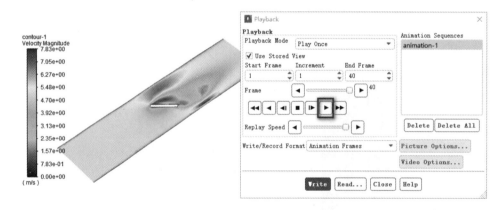

图 18-19　速度云图随时间的变化

第 19 章　重叠网格的应用

在流场计算过程中，对于处于移动状态的目标物体，通常会涉及复杂的物理动态变化和空间几何形状改变的问题。为了准确地模拟这一现象，使用动网格模型是一个有效的方法。然而，在实际应用过程中，动网格模型却常常面临着负体积的问题，负体积往往会导致计算的失败。

重叠网格方法是一种新的计算方法，它通过使用两套计算网格，即前景网格和背景网格，来实现对移动物体的精确模拟。与常规的计算方法相比，重叠网格方法具有更高的计算精度和稳定性。

19.1　流场中的板坯刚体运动实例介绍

在本实例中，以板坯模型为例，如图 19-1 所示，已经预先设定好了板坯模型区域作为前景网格部分，板坯模型外部的流体域作为背景网格。这样一来，就可以在计算过程中，针对不同的网格区域分别进行计算，从而得到更加精确的结果。同时，使用重叠网格方法还可以有效地避免负体积问题的出现，提高计算结果的可靠性和稳定性。

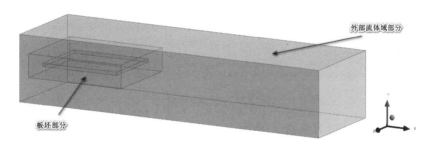

图 19-1　板胚模型

19.2　分 析 流 程

(1) 启动 ANSYS Workbench，加载 Fluid Flow (Fluent)计算模块。

(2) 右键单击 A3 单元格，选择 Import Mesh File→Browse，弹出"文件选择"对话框，选择网格模型文件 ex41\ex41.msh，直接导入。

(3) 双击 A3 单元格，并单击 Start 按钮进入 Fluent。

(4) 双击模型树节点 General，在打开的 General 面板中，选中 Transient 单选按钮进行瞬态计算，如图 19-2 所示。

(5) 双击模型树节点 Models→Viscous，在弹出的对话框中选择 k-epsilon Standard 湍流模型。

(6) 双击模型树节点 Boundary Conditions，在任务页面的 Zone 列表框中选择入口 in，设定其边界类型为 velocity-inlet，如图 19-3 所示。

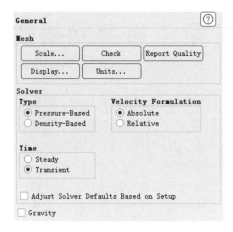

图 19-2　模型设定

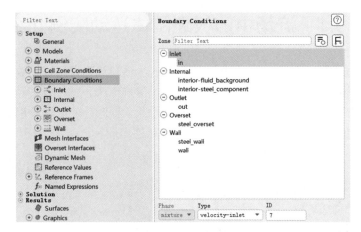

图 19-3　入口边界设定

（7）在 Velocity Inlet 对话框中，进行入口速度设置，在 Velocity Magnitude 中设定其速度为 0.1 m/s，如图 19-4 所示。

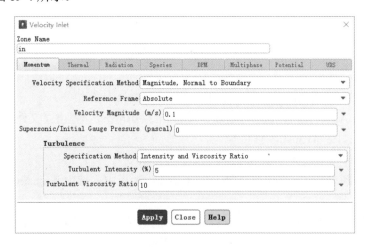

图 19-4　入口速度设定

（8）板坯在流体域中做直线运动，使用 Profile 文件来定义其直线运动，使用 time 定义计算时间，使用 v_x 定义沿 X 轴方向运动的速度，如图 19-5 所示。

（9）双击模型树节点 Cell Zone Conditions，在任务页面中单击 Profiles 按钮，如图 19-6 所示，打开 Profile 对话框，读取之前已经创建的.txt 格式的 Profile 文件，如图 19-7 所示，单击 Apply 按钮确认，然后单击 Close 按钮。

```
steel_wall - 记事本
文件(F)  编辑(E)  格式(O)  查看(V)  帮助(H)
((steel_wall transient 5 0)
(time 0 1.0 2.0 3.0 4.0)
(v_x 1 1 1 1 1))
```

图 19-5　Profile 文件

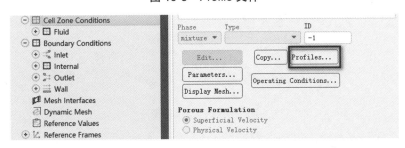

图 19-6　Profile 功能

图 19-7　Profiles 对话框

（10）双击模型树节点 Overset Interfaces，在 Overset Interfaces 任务页面中单击 Create/Edit 按钮，打开 Create/Edit Overset Interfaces 对话框，设定 Overset Interface 的名称为 cp，并在 Background Zones 列表框中选择背景区域 fluid_background，在 Component 列表框中选择前景区域 steel_component，单击 Create 按钮完成重叠区域的创建，并单击 Close 按钮，如图 19-8 所示。

（11）双击模型树节点 Dynamic Mesh，选中 Dynamic Mesh 复选框，打开动网络功能，并取消选中 Smoothing 复选框，如图 19-9 所示。

图 19-8 打开动网格功能

图 19-9 动网格设置

(12) 在动网格任务页面中，单击 Create/Edit 按钮，打开 Dynamic Mesh Zones 对话框，进行动网格区域设置，在 Zone Names 下拉列表框中选择 steel_component，也就是板坯部分，在 Type 选项组中选中 Rigid Body 单选按钮，也就是类型为刚体运动，板坯将在流体域中做直线运动，在 Motion Attributes 标签页中，设定 Motion UDF/Profile 为已经加载的 Profile 文件，最后单击 Create 按钮，创建动网格区域，如图 19-10 所示。

图 19-10 动网格区域设置(1)

(13) 在 Zone Names 下拉列表框中选择 steel_wall，也就是板坯壁面，在 Type 选项组中选中 Rigid Body 单选按钮，也就是类型为刚体运动，在 Motion Attributes 标签页中，设定 Motion UDF/Profile 为已经加载的 Profile 文件，最后单击 Create 按钮，创建动网格区域，如图 19-11 所示。

(14) 双击模型树节点 Solution→Initialization，打开初始化设置对话框，在 Initialization Method 选项组中选中 Standard Initialization 单选按钮，在 Compute from 下拉列表框中选择

all-zones，单击 Initialize 按钮进行初始化。

图 19-11　动网格区域设置(2)

(15) 右键单击模型树节点 Results 下的 Surfaces，选择 New→Iso Surface，打开 Iso-Surface 对话框，在这里需要创建一个流体域的剖面，便于后处理中查看云图。设定 New Surface Name 为 z-surface，Surface of Constant 为 Mesh，Z-Coordinate 为 0，Iso-Values 为 0.1，单击 Create 按钮完成平面的创建，如图 19-12 所示。

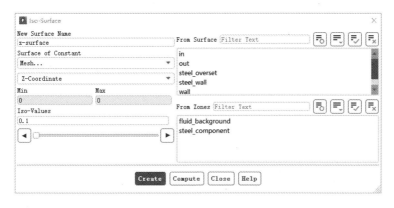

图 19-12　流体域的剖面创建

(16) 右键单击模型树节点 Results→Graphics→Contours，选择 New 打开 Contours 对话框，进行云图创建，在 Contours of 下拉列表框中选择 Velocity，在 Surfaces 列表框中选择已创建的 in、out、steel_wall、z-surface 平面，我们需要在后处理中查看该平面的速度云图，单击 Save/Display 按钮完成创建，如图 19-13 所示。

(17) 双击模型树节点 Solution→Calculation Activities→Autosave，打开 Autosave 对话框，进行自动保存设置，设定每一个时间步保存一次，在 Save Associated Case Files 选项组中选中 Each Time 单选按钮，单击 OK 按钮完成设置，如图 19-14 所示。

(18) 双击模型树节点 Solution→Calculation Activities→Solution Animations，打开 Animation Definition 对话框，进行动画设置，在 Animation Object 列表框中选择已创建的速度云图 contour-1，即我们需要查看该速度云图随时间的变化，同时可以在 Animation View 下拉列表框中选择云图的视角，在本实例中，单击 Use Active 按钮，也就是选择当前的视角，如图 19-15 所示。单击 OK 按钮完成设置。

图 19-13　速度云图创建

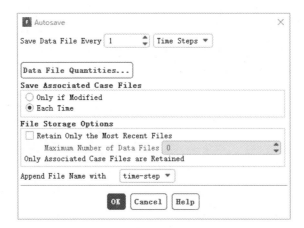

图 19-14　自动保存设置

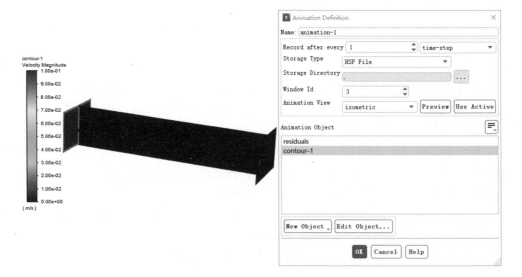

图 19-15　动画设置

(19) 双击模型树节点 Solution→Run Calculation，设置本次计算的迭代次数，设定 Number of Time Steps 为 50，Time Step Size 为 0.01 s，共计算 0.5 s，Max Iterations/Time Step 设定为 40，单击 Calculate 按钮开始计算。由于我们已经设置了动画，所以在计算过程中可以监测到流体域中剖面的速度云图的变化，如图 19-16 所示。

图 19-16　监控动画

(20) 计算完成后，双击模型树节点 Results→Animations→Playback，打开 Playback 对话框，通过播放，就可以得到该平面的速度云图随时间的变化，如图 19-17 所示。

图 19-17　速度云图随时间的变化

第 20 章 燃 烧 计 算

20.1 非预混燃烧模型的应用

Fluent 中的非预混燃烧模型可以用来求解混合分数输运方程，单个组分的浓度由预测得到的混合分数的分布求得。该模型是专门为求解湍流扩散火焰问题而开发，具有许多比有限速率模型更加优越的方面，例如它能够更好地模拟火焰的传播和扩散过程，同时考虑了湍流流动对燃烧的影响，而且反应机理不是由用户自己设定，而是通过先进的算法和模型来实现的。

非预混燃烧模型在模拟复杂的燃烧过程时，能够更加准确地预测火焰的形状、速度和温度分布，同时会考虑燃料和空气的混合效应，以及湍流流动对燃烧的影响，因此能够得到更加精确的模拟结果。

20.1.1 实例介绍

在本实例中，我们采用非预混燃烧模型来对丙烷燃烧进行模拟，因为它能够准确地反映燃料和空气在燃烧过程中的相互作用，可使用稳态计算方法来模拟丙烷与空气以不同的速度进入计算区域后的燃烧情况。

本实例的几何模型如图 20-1 所示，使用轴对称模型进行简化建模，这种建模方式非常适合用来描述具有旋转对称性的问题，其中 inlet1 代表丙烷入口，inlet2 代表空气入口，wall1 代表壁面，outlet 代表出口，axis 为中心轴。

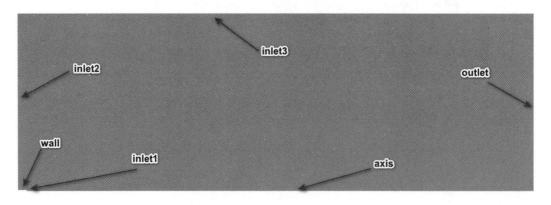

图 20-1 实例的几何模型

20.1.2 分析流程

(1) 启动 ANSYS Workbench，加载 Fluid Flow (Fluent)计算模块。

(2) 右键单击 A3 单元格，选择 Import Mesh File→Browse，弹出"文件选择"对话框，选择网格模型文件 ex42\ex42.msh，直接导入。

(3) 双击 A3 单元格，并单击 Start 按钮进入 Fluent。

(4)　双击模型树节点 General，在打开的 General 面板中，选中 2D Space 选项组中的 Axisymmetric 单选按钮，即使用轴对称模型进行计算，并选中 Gravity 复选框，打开重力加速度，如图 20-2 所示。

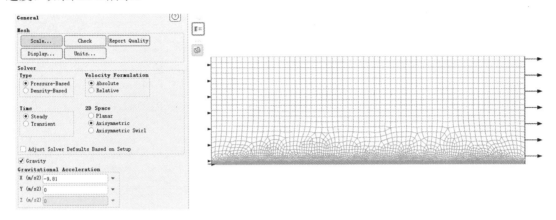

图 20-2　模型设置

(5)　选择菜单栏中的 View→Views，如图 20-3 所示。

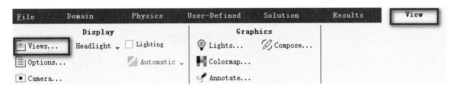

图 20-3　View 功能

(6)　打开的 Views 对话框如图 20-4 所示，在 Mirror Planes 列表框中选择 axis，单击 Apply 按钮确认。

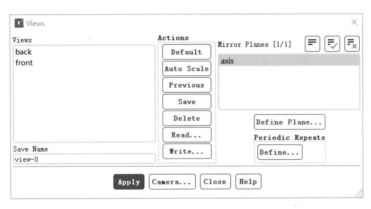

图 20-4　Views 对话框

(7)　确认后显示整体模型，如图 20-5 所示。

(8)　展开模型树节点 Models，双击 Energy 打开 Energy 对话框，进行能量方程设置，选中 Energy Equation 复选框，如图 20-6 所示。

(9)　使用默认的 SST k-omega 湍流模型。

图 20-5 整体模型

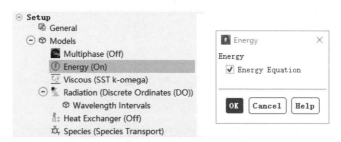

图 20-6 能量方程设置

(10) 展开模型树节点 Models，双击 Species 打开 Species Model 对话框，进行组分输运模型设置，在 Model 选项组中选中 Non-Premixed Combustion 单选按钮，即非预混燃烧模型，如图 20-7 所示。

图 20-7 组分输运模型设置

(11) 在 Boundary 标签页中的 Boundary Species 文本框中输入 c3h8，单击 Add 按钮，将其加入组分，并设定 c3h8 的 Fuel 为 1，即将其作为燃料，其他组分为氧气与氮气，如图 20-8 所示。

(12) 在 Table 标签页中，使用默认参数，单击 Calculate PDF Table 按钮进行 PDF 表的创建，如图 20-9 所示，单击 OK 按钮确认。

(13) 双击模型树节点 Boundary Conditions，双击 Zone 列表项 inlet1，打开 Velocity Inlet 对

话框，进行丙烷速度入口边界条件设置，设置气体流入速度为 22.7 m/s，单击 Apply 按钮，如图 20-10 所示。

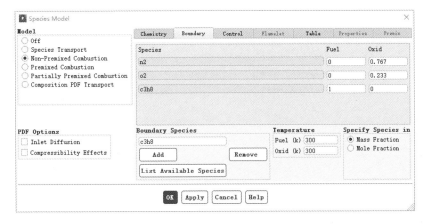

图 20-8　组分设置(1)

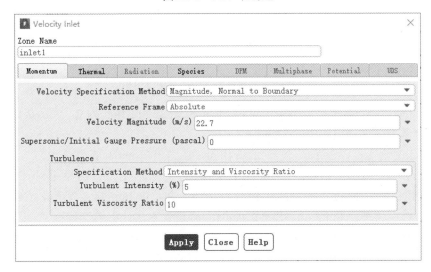

图 20-9　PDF 表创建

图 20-10　丙烷速度入口边界条件设置

(14) 在 inlet1 的 Species 标签页中，设定 Mean Mixture Fraction 为 1，表示从该入口进入流体域的流体全部为燃料，如图 20-11 所示。

图 20-11　组分设置(2)

(15) 双击模型树节点 Boundary Conditions，双击 Zone 列表项 inlet2，打开 Velocity Inlet 对话框，进行空气速度入口边界条件设置，设置气体流入速度为 4.7m/s，单击 Apply 按钮，如图 20-12 所示。

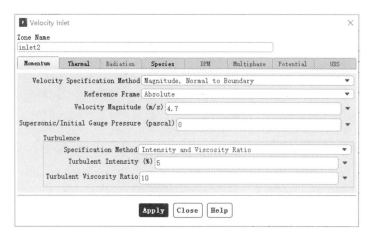

图 20-12　空气速度入口边界条件设置

(16) 在 inlet2 的 Species 标签页中，设定 Mean Mixture Fraction 为 0，表示从该入口进入流体域的流体全部为空气，如图 20-13 所示。

(17) inlet3 的速度入口边界条件与 inlet2 相同，压力出口 outlet 按默认设置。

(18) 双击模型树节点 Solution→Initialization，打开初始化设置对话框，在 Initialization Methods 选项组中选中 Hybrid Initialization 单选按钮，并单击 Initialize 按钮进行初始化。

(19) 双击模型树节点 Solution→Run Calculation，设置本次计算的迭代次数，设定 Number of Time Steps 为 1000，单击 Calculate 按钮开始计算。

(20) 计算完成后，双击模型树节点 Results→Graphics→Contours，打开 Contours 对话框，进行云图设置，在 Contours of 下拉列表框中选择 Temperature，单击 Save/Display 按钮之后，

得到流体域温度云图，如图 20-14 所示。

图 20-13　组分设置(3)

图 20-14　流体域温度云图

(21) 双击模型树节点 Results→Graphics→Contours，打开 Contours 对话框，进行云图设置，在 Contours of 下拉列表框中选择 Species 及 Mass fraction of o2，得到氧气的质量分数云图，如图 20-15 所示。

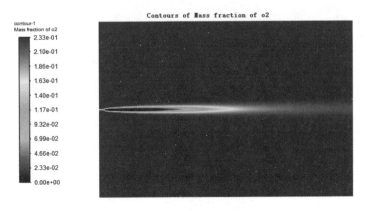

图 20-15　氧气质量分数分布云图

(22) 双击模型树节点 Results→Plots→XY Plot，打开 Solation XY Plot 对话框，进行图表设置，在 Y Axis Function 下拉列表框中选择 Temperature，在 Surface 列表框中选择 axis，单击 Save/Plot 按钮，得到中心线上的温度分布曲线，如图 20-16 所示。

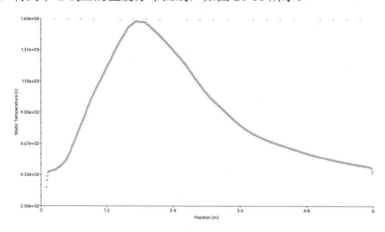

图 20-16　中心线上的温度分布曲线

20.2　组分输运模型的应用

20.2.1　实例介绍

在本实例中，采用组分输运模型，对甲烷燃烧进行模拟。

甲烷与空气以不同的速度进入计算区域，使用稳态计算方法计算甲烷的燃烧，本实例使用轴对称单元进行建模，几何模型如图 20-17 所示。其中，air 为空气入口，fuel 为甲烷入口，axis 为中心轴，out 为出口，wall 为壁面。

图 20-17　实例的几何模型

20.2.2　分析流程

(1) 启动 ANSYS Workbench，加载 Fluid Flow (Fluent)计算模块。

(2) 右键单击 A3 单元格，选择 Import Mesh File→Browse，弹出"文件选择"对话框，选择网格模型文件 ex43\ex43.msh，直接导入。

(3) 双击 A3 单元格，并单击 Start 按钮进入 Fluent。

(4) 双击模型树节点 General，在打开的 General 面板中，选中 2D Space 选项组中的 Axisymmetric 单选按钮，使用轴对称模型进行计算，如图 20-18 所示。

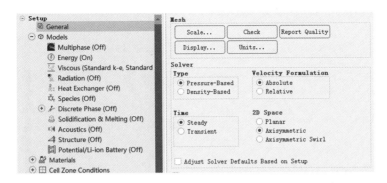

图 20-18　模型设置

（5）展开模型树节点 Models，双击 Energy 打开 Energy 对话框，进行能量方程设置，选中 Energy Equation 复选框。

（6）双击模型树节点 Viscous，在弹出的对话框中选择 Standard k-epsilon 湍流模型。

（7）展开模型树节点 Models，双击 Species 打开 Species Model 对话框，进行组分运输模型设置，在 Model 选项组中选中 Species Transport 单选按钮，在 Reactions 选项组中选中 Volumetric 复选框，在 Turbulence-Chemistry Interaction 选项组中选中 Eddy-Dissipation 单选按钮，单击 Apply 按钮及 OK 按钮，如图 20-19 所示。

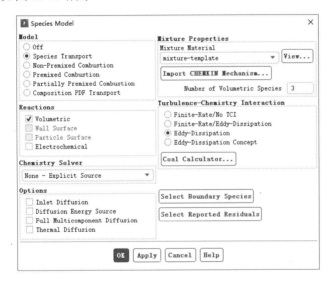

图 20-19　组分输运模型设置

（8）双击模型树节点 Materials 下的 air，打开 Fluent Database Materials 对话框，进行材料设置，从 Fluent 的材料数据库中，添加甲烷、氧气、二氧化碳，单击 Copy 按钮，然后单击 Close 按钮，完成添加，如图 20-20 所示。

（9）双击模型树节点 Materials 下的 mixture-template，进入混合材料定义对话框，单击 Mixture Species 右侧的 Edit 按钮，进入 Species 对话框，进行组分设置，选择的组分包括 O_2、CH_4、CO_2、H_2O、N_2，如图 20-21 所示，单击 OK 按钮确认。

（10）继续定义混合材料 mixture-template 的属性，单击 Reaction 右侧的 Edit 按钮，打开 Reactions 对话框，进行化学反应设置，设置甲烷与氧气的化学反应方程式，如图 20-22 所示。

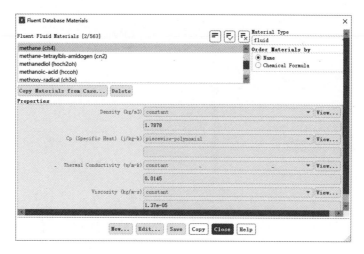

图 20-20 添加材料

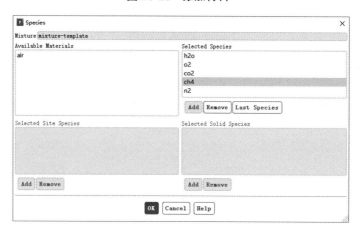

图 20-21 组分设置

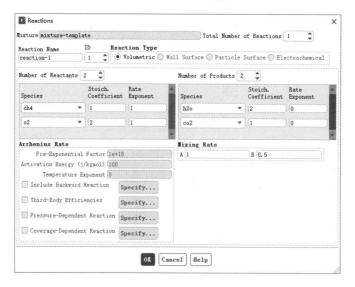

图 20-22 化学反应设置

(11) 双击模型树节点 Boundary Conditions，将 air 设定为速度入口边界，设定其轴向速度为 27.7 m/s，如图 20-23 所示。

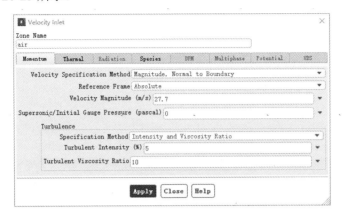

图 20-23　空气速度入口边界条件设置

(12) 在 Thermal 标签页中，定义其温度为 323 K。在 Species 标签页中，定义空气组分，如图 20-24 所示。

图 20-24　空气组分设置

(13) 将 fuel 也设定为速度入口边界，设定其轴向速度为 6.8 m/s，如图 20-25 所示。

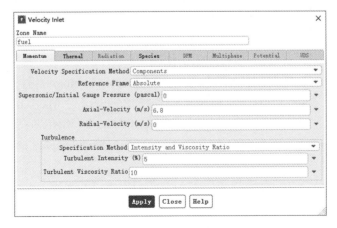

图 20-25　甲烷速度入口边界条件设置

(14) 在 Thermal 标签页中，定义其温度为 313 K。在 Species 标签页中，定义甲烷组分，如图 20-26 所示。

图 20-26　甲烷组分设置

(15) 单击菜单栏中的 View→Views 功能，打开 Views 对话框，如图 20-27 所示，在 Mirror Planes 列表框中选择 axis，单击 Apply 按钮确认，显示整体模型。

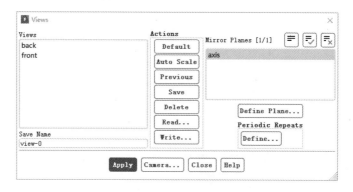

图 20-27　Views 对话框

(16) 双击模型树节点 Solution→Initialization，打开初始化设置对话框，在 Initialization Methods 选项组中选中 Standard Initialization 单选按钮，在 Compute from 下拉列表框中选择 all-zones，并单击 Initialize 按钮进行初始化。

(17) 双击模型树节点 Solution→Run Calculation，设置本次计算的迭代次数，设定 Number of Time Steps 为 500，单击 Calculate 按钮开始计算。

(18) 计算完成后，双击模型树节点 Results→Graphics→Contours，打开 Contours 对话框，进行云图设置，在 Contours of 下拉列表框中选择 Species 及 Mass fraction of ch4，单击 Save/Display 按钮之后，得到甲烷的质量分数云图，如图 20-28 所示。

(19) 在 Contours of 下拉列表框中选择 Velocity，单击 Save/Display 按钮之后，得到速度云图，如图 20-29 所示。

(20) 双击模型树节点 Results→Plots→XY Plot，打开 Solution XY Plot 对话框，进行图表设置，在 Y Axis Function 下拉列表框中选择 Temperature 及 Static Temperature，在 Surface 列表框中选择 axis，单击 Save/Plot 按钮，得到中心线上的温度分布曲线，如图 20-30 所示。

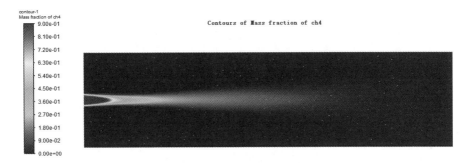

图 20-28　甲烷质量分数云图

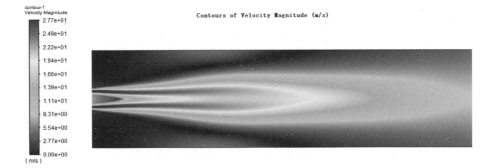

图 20-29　速度云图

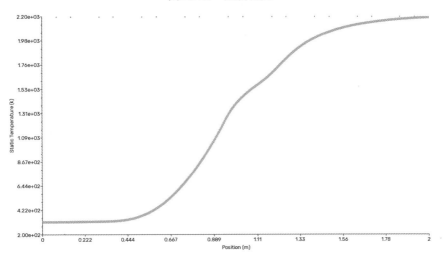

图 20-30　中心线上的温度分布曲线

第 21 章 几个有用的小技巧

21.1 导出 Fluent 计算中的监测数据

在 Fluent 计算过程中，用户可以对关注的物理量进行实时监测，这种特性使得用户可以更好地理解计算过程中各物理量的变化情况。无论是定性分析还是定量计算，Fluent 都能够满足用户的需求。

在 Fluent 的 Report Definitions 中，只需要简单设置相关的物理量为监测值，这样在复杂的计算过程中，就能够观察到这些物理量的曲线形式的动态变化过程。这个过程能够捕捉到物理量的突变，从而为工程师提供详细的数据，帮助他们更好地分析问题和解决问题。另外，还可以将该动态变化的过程数据导出，以方便对数据进行进一步的分析等工作。

21.1.1 实例介绍

在本实例中，使用一个管道内流体域模型，模型的具体形状如图 21-1 所示。我们在 Fluent 中对这个模型进行瞬态流动计算，观察出口温度的变化过程，并将温度变化的过程数据导出形成数据文件。通过这个过程，我们可以更好地理解流体在管道内的流动情况和温度分布情况，从而为工程师提供更多有价值的信息。

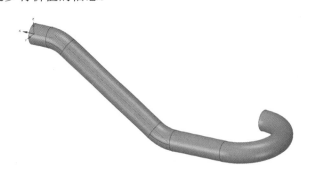

图 21-1 几何模型

21.1.2 流程介绍

(1) 本实例主要介绍监测值设定及数据文件导出的方法，几何模型处理、网格处理、瞬态计算、边界条件设定等过程则不再赘述，具体方法可参考之前已介绍的相关实例内容。

(2) 在 SpaceClaim 中对模型进行边界的命名，设定一个入口 in，一个出口 out，其他壁面都为 wall。

(3) 使用 Mesh 或者 Fluent Meshing 功能对模型进行网格划分。

(4) 在 Fluent 中，设定计算类型为瞬态计算，开启能量方程，使用默认的 SST k-omega 湍流模型。

(5)　设定流体入口 in 的速度为 5 m/s，温度为 330 K。流体出口 out 按默认设置。

(6)　在左侧模型树节点中，找到 Solution→Report Definitions，右键单击 Report Definitions，选择 New→Surface Report→Area-Weighted Average，如图 21-2 所示。

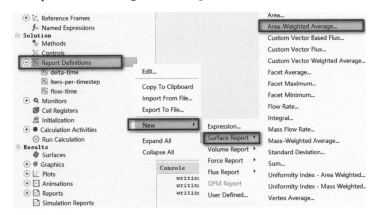

图 21-2　选择 Area-Weighted Average 命令

(7)　打开 Surface Report Definition 对话框后，可以对当前的监测进行命名，本实例中将其命名为 out-temperature。在 Field Variable 下拉列表框中选择 Temperature，在 Surfaces 列表框中选择 out，监测出口 out 的温度值。在 Create 选项组中选中 Report File、Report Plot、Print to Console 复选框，可以在计算过程中监测出口温度值的变化过程，并可以将该过程的数据进行导出，如图 21-3 所示。

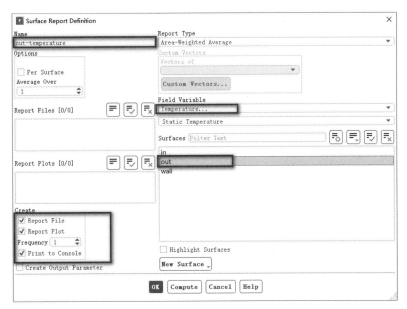

图 21-3　Surface Report Definition 对话框

(8)　对计算模型进行初始化。初始化温度为 300 K。

(9)　由于是瞬态计算，设定计算步的数量为 50，时间步长为 0.5 s。

(10)　在计算过程中，可以实时监测出口温度的变化过程，如图 21-4 所示。

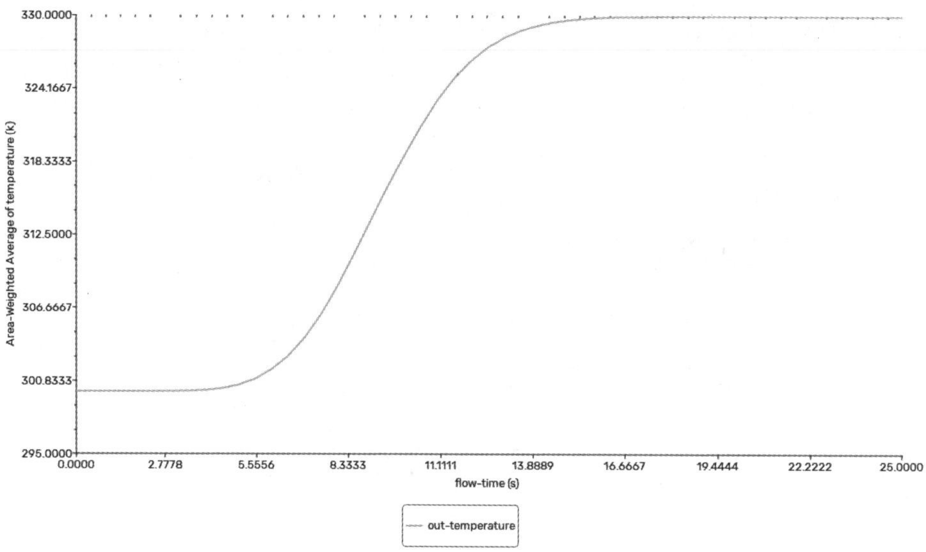

图 21-4　出口温度变化过程

(11) 图 21-4 所示的监测数据已经保存到本地的计算项目文件夹中，打开本项目的项目目录，可以在 Fluent 文件夹中找到 out-temperature-rfile.out 文件，如图 21-5 所示。

(12) 使用记事本或者其他工具打开该文件，就可以看到每个时间步的出口温度数据，如图 21-6 所示。

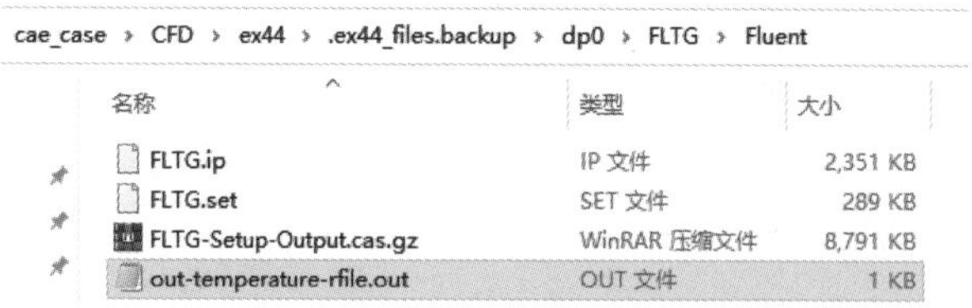

图 21-5　项目文件夹

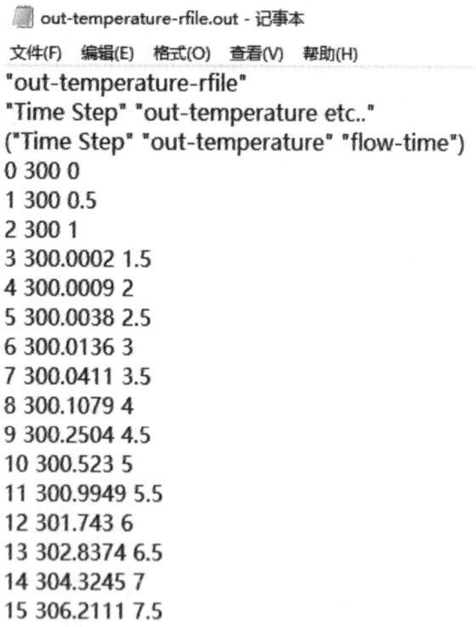
out-temperature-rfile.out - 记事本
文件(F) 编辑(E) 格式(O) 查看(V) 帮助(H)

```
"out-temperature-rfile"
"Time Step" "out-temperature etc.."
("Time Step" "out-temperature" "flow-time")
0 300 0
1 300 0.5
2 300 1
3 300.0002 1.5
4 300.0009 2
5 300.0038 2.5
6 300.0136 3
7 300.0411 3.5
8 300.1079 4
9 300.2504 4.5
10 300.523 5
11 300.9949 5.5
12 301.743 6
13 302.8374 6.5
14 304.3245 7
15 306.2111 7.5
```

图 21-6　出口温度数据

21.2　在 Fluent 中自动建立计算报告

使用 Fluent 完成复杂的流体计算后，接下来就要对计算结果进行不可或缺的后处理工作，进而撰写全面、准确的计算报告。在报告中，需要详尽地描述计算的模型和对象，明确阐述计算所采用的边界条件，并附上各类结果云图，以及各类图表和数据的详细分析。

针对这类计算报告，我们可以按照特定的需求，自由截取计算过程中重要的图片、结果云图等素材，以定制化的方式形成最终的计算报告。然而，这种传统且常用的方式相对费时费力，需要投入较多的时间和精力去整理和编排。

实际上，对于某些流程固化的计算内容，可以通过二次开发的方式，自动化处理计算边界条件的设定以及导出计算报告。为了实现这一目标，需要在计算开始之前设计好计算报告的模板，这样在计算完成后，Fluent 的自动导出功能就能将计算报告自动导出。这种方法对于用户的二次开发能力有一定的要求，但大大提高了工作效率。

值得注意的是，Fluent 本身也具备自动导出计算报告的功能，这个功能可以导出计算过程中涉及的网格信息、边界条件信息、结果云图等关键内容，并且可以按照预设的要求与内容进行导出。这个功能在很大程度上满足了基本的报告需求，使我们有更多的时间和精力去关注计算本身并进行深入的研究。

21.2.1　实例介绍

使用 13.2 节中的流固共轭传热及自然对流计算模型如图 21-7 所示，在 Fluent 中进行后处理，并使用 Fluent 自动生成计算报告并导出。

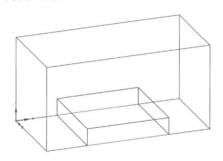

图 21-7　流固共轭传热模型

21.2.2　流程介绍

(1)　在 13.2 节中，已经完成了流固共轭传热及自然对流模型的计算，可以直接在 Fluent 后处理中得到模型中心截面上的温度云图，如图 21-8 所示。

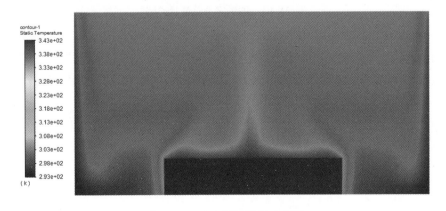

图 21-8　中心截面的温度云图

（2）同时可以在后处理中得到中心截面的矢量分布图，如图 21-9 所示。当然也可以根据需求，进行其他位置截面的后处理工作。

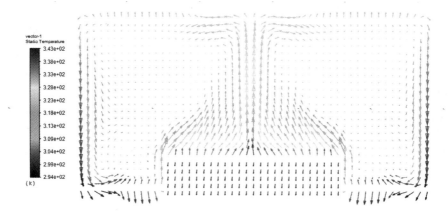

图 21-9　中心截面的矢量分布图

（3）在左侧的模型树节点中找到 Result→Reports→Simulation Reports，双击 Simulation Reports，打开仿真报告设置对话框，如图 21-10 所示。

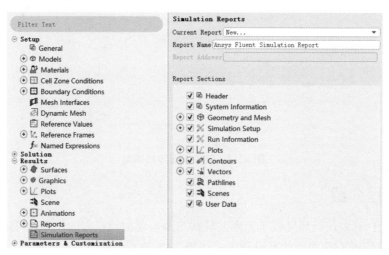

图 21-10　仿真报告设置对话框

（4）在 Report Name 文本框中设定报告的名称，在 Report Sections 选项组中可以选中报告中需要包含的相关内容，本实例中默认全部选中，如图 21-11 所示。

（5）单击 Generate Report 按钮之后，则自动进行报告的编写，自动生成报告的所有内容，仿真报告的目录如图 21-12 所示。

（6）单击 Boundary Conditions 可以查看本项目中边界条件的设置情况，如图 21-13 所示。当然，在报告中还可以查看到本项目中所有的前处理、后处理信息，包括模型网格、湍流模型、材料、计算域、边界条件、求解、后处理云图等信息。

（7）通过 Export Report 中的 Export as PDF 功能，可以将当前生成的仿真报告导出到本地，保存为 PDF 格式的文件，如图 21-14 所示。

图 21-11　仿真报告功能设定

Table of Contents

图 21-12　仿真报告目录

图 21-13　仿真报告中的边界条件信息

图 21-14　仿真报告导出

21.3　将 Fluent 结果参数导入到 CFD-Post

在使用 Fluent 进行流体计算之后，通常需要使用 CFD-Post 对计算结果进行可视化和分析。CFD-Post 可以自动读取 Fluent 中的计算结果，但有时某些 Fluent 的结果参数并没有自动传递到 CFD-Post 中。在这种情况下，我们可以采用在 Fluent 中导出.cdat 文件的方法，以确保所需的全部结果参数都被导出。

21.3.1　实例介绍

在 Fluent 计算中，.cdat 文件是一种用于存储结果参数的文件。它能够保存所有与计算相关的数据，包括速度、压力、温度和湍流强度等参数。通过导出.cdat 文件，可以确保所有这些重要的结果参数都能被 CFD-Post 正确读取并用于后处理。

CFD-Post 可以直接打开或导入.cdat 文件来读取导出的结果参数。这样，我们就可以在

CFD-Post 中全面地分析和可视化 Fluent 的计算结果，以便更好地理解流动特性和优化设计方案。

21.3.2　流程介绍

(1) 计算完成后，在 Fluent 中选择 File→Export→Solution Data，进入 Export 对话框，进行数据导出设置。在 File Type 下拉列表框中选择导出的文件类型为 CDAT，后续需要使用 CFD-Post 读取这个.cdat 文件。在 Surfaces 列表框中选择需要包含的边界，本实例中选择所有的边界面。同时需要在 Quantities 列表框中选择自己关心的结果参数，本实例中选中所有的参数，即将所有结果导出，如图 21-15 所示。

图 21-15　数据导出设置

(2) 单击 Write 按钮选择.cdat 文件的保存路径，将.cdat 文件保存到本地，完成结果参数的导出，如图 21-16 所示。

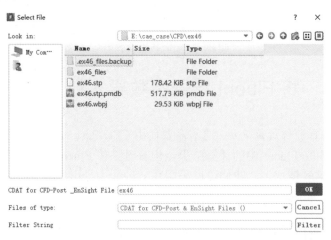

图 21-16　.cdat 文件保存

(3) 打开 CFD-Post，单击 File→Load Results，需要加载结果文件，选择刚才保存的.cdat 文件，即完成计算结果的导入，如图 21-17 所示，其中包含了所有我们需要的结果参数。

(4) 这样就可以在模型后处理中，对所有需要的结果参数进行后处理操作了，如图 21-18 所示。

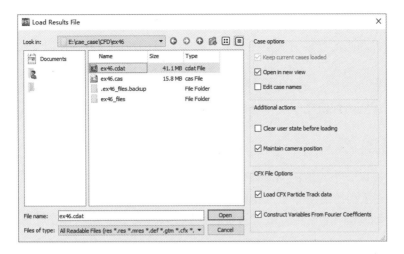

图 21-17　.cdat 文件导入

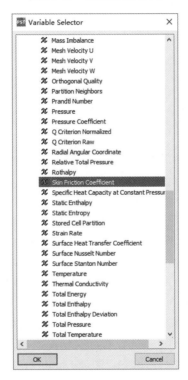

图 21-18　结果参数

21.4　在 CFD-Post 后处理中制作 Keyframe 动画

在前面的实例中，我们已经详细介绍过如何使用 Fluent 进行流体计算，并在后处理过程中基于计算结果制作出生动形象的流体流动过程的动画。这种动画制作对于理解流体流动、反应等过程具有十分重要的作用。

在 Fluent 瞬态计算前处理过程中，我们可以设定好动画的云图和动画的时间步等参数，以便在计算过程中以动画的展现方式监控计算过程中流体的流动过程。使用 CFD-Post 可以对瞬态计算结果进行各类结果云图的可视化，并导出各类视频格式的动画。

对于稳态计算，除了以图片的方式展现速度、压力、温度等云图外，还可以用动画的方式呈现稳态计算结果的流线流动状态，这对于我们更好地描述流体的流动具有至关重要的作用。

21.4.1　实例介绍

在本实例中，以一个管道内的流体作为流体域模型，如图 21-19 所示。在本实例中，使用 Fluent 计算其稳态流动的速度分布，计算完成后，使用 CFD-Post 中的 Keyframe 动画功能，对其速度流线进行动画制作，这种方法可以帮助我们更加清晰地了解流体在管道内的流动状态和速度分布。

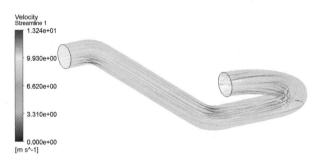

图 21-19　管道内流体域模型

21.4.2　流程介绍

（1）使用 Fluent 对管道内流体域模型进行稳态流动计算，该模型有一个入口 in，一个出口 out，其他壁面都为 wall，过程不再赘述，计算完成后直接进入 CFD-Post 进行后处理工作。

（2）使用 CFD-Post 中的 Keyframe 动画功能，可以进行流场流线的动画设置。在菜单栏中选择 Insert→Streamline，设定其名称为 Streamline 1。在 Details of Streamline 1 对话框中，设置 Start From 为 in，#of Points 为 50，单击 Apply 按钮确认，如图 21-20 所示。

（3）单击 Apply 按钮后，生成管道内流体域产生的速度流线图，如图 21-21 所示。可以在这个流线的基础上，对它进行动画过程的设定，实现流线在管道内流动。

（4）在 Details of Streamline 1 对话框中，选择 Limits 标签，设置 Max Segments 为 5，单击 Apply 按钮确认，如图 21-22 所示。

（5）单击 Apply 按钮后生成的当前 Segments 的流线如图 21-23 所示。

（6）在菜单栏中选择 Tools→Animation，插入一个动画工具，在 Animation 对话框中，选中 Keyframe Animation 复选框，并新建 KeyframeNo1，也就是将当前 Segments=5 的流线作为第一个 Keyframe，如图 21-24 所示。

（7）使用同样的方法设置 Max Segments 为 15，25，35，45，55，65，75，85，95，并在 Animation 对话框中依次建立相应的 KeyframeNo，如图 21-25 所示，可以单击播放按钮预览当前的 Keyframe 流线动画。后续可以使用这些 Keyframe 进行流线动画的播放与导出。

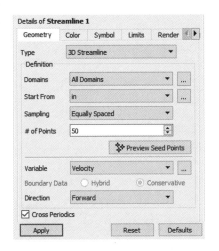

图 21-20　流线设置

图 21-21　流场流线

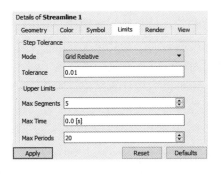

图 21-22　流线 Limits 设置

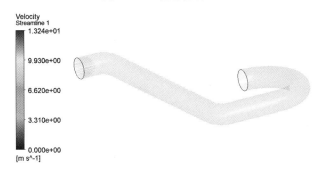

图 21-23　Segments=5 的流线

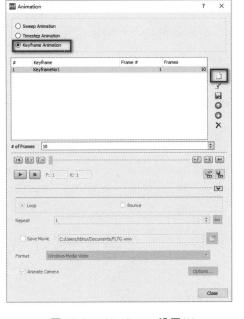

图 21-24　Keyframe 设置(1)

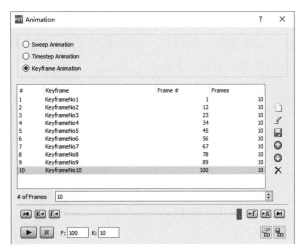

图 21-25　Keyframe 设置(2)

(8)　在 Animation 对话框中，选中 Save Movie 复选框，可以设定当前 Keyframe 动画导出的本地目录位置，也可以在 Format 下拉列表框中选择导出动画的视频格式，如图 21-26 所示。

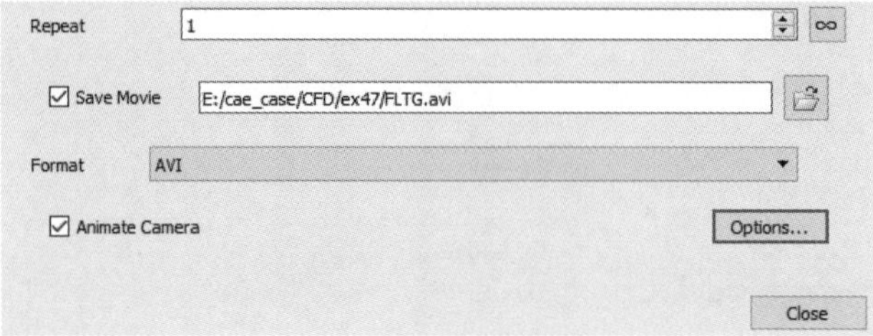

图 21-26　动画导出及格式设定

21.5　在 CFD-Post 中建立瞬态结果曲线

使用 Fluent 进行瞬态流动计算之后，可以使用 CFD-Post 对计算结果进行后处理。后处理可以在我们关心的某些点或某些区域进行，以便更好地理解和管理计算结果。例如，可以绘制出口温度的瞬态变化曲线，这种曲线可以清晰地展示出口温度随时间的变化情况。这种变化曲线对于判断相关物理量的变化过程具有至关重要的作用，因为它可以帮助我们更好地了解流动过程中温度的变化情况，进而更好地预测和管理流动过程。还可以分析计算结果，通过绘制不同区域的压力场分布曲线，来观察瞬态流动过程中不同区域的压力变化情况。压力场分布曲线可以帮助我们了解哪些区域的压力较大，哪些区域的压力较小，从而指导我们采取相应的措施，改善流动过程。此外，还可以使用 CFD-Post 绘制壁面温度分布曲线，进一步了解流动过程中壁面温度的变化情况。壁面温度分布曲线可以帮助我们了解壁面附近的温度分布情况，从而指导我们进行壁面的设计和处理。

总之，使用 CFD-Post 对 Fluent 计算的瞬态结果进行后处理，可以让我们更好地理解流动过程中的物理量变化，从而进行更好的流动设计和控制，更好地满足产品的性能要求。

21.5.1　实例介绍

在本实例中，同样以一个管道内的流体作为流体域模型，如图 21-27 所示，建立其出口温度的瞬态变化曲线。

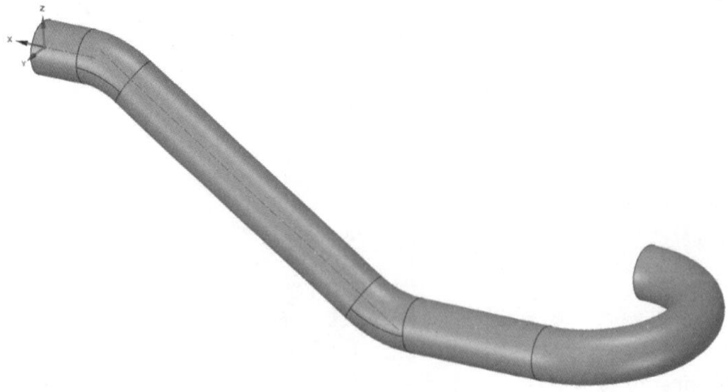

图 21-27　管道内流体域模型

21.5.2　流程介绍

（1）本实例主要介绍瞬态结果曲线的制作方法，几何模型处理、网格处理、瞬态计算、边界条件设定等过程不再赘述，具体方法可参考之前介绍的相关实例内容。

（2）在 SpaceClaim 中对其边界进行命名，设定一个入口 in，一个出口 out，其他壁面都为 wall。

（3）使用 Mesh 或者 Fluent Meshing 功能对模型进行网格划分。

（4）在 Fluent 中，设定计算类型为瞬态计算，开启能量方程，使用默认的 SST k-omega 湍流模型。

（5）设定流体入口 in 的速度为 5 m/s，温度为 330 K。流体出口 out 按默认设置。

（6）由于需要在后处理中得到结果的瞬态变化曲线，这意味着需要将瞬态计算过程中的结果数据保存下来，可以按时间步保存，本实例中是保存每个时间步的计算结果，如图 21-28 所示。在计算前，在 Fluent 左侧的模型树中，展开 Solution→Calculation Activities→Autosave (Every Time Steps)，打开 Autosave 对话框，在 Save Data File Every 中进行设定即可。

（7）对计算模型进行初始化。设定初始化温度为 300 K。

（8）设定瞬态计算的时间步数量为 40，时间步长为 0.5 s。

（9）Fluent 计算完成后，可以回到 ANSYS Workbench 平台。如果是使用 Fluid Flow(Fluent) 进行的计算，可以直接双击 Results，进入 CFD-Post，如图 21-29 所示。

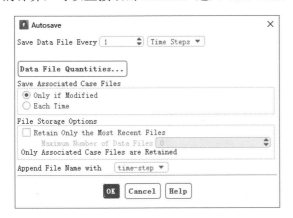

图 21-28　自动保存设置

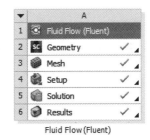

图 21-29　Fluid Flow(Fluent)

（10）如果是使用 Fluent (with Fluent Meshing) 进行的计算，可以将一个 Results 系统拖入 Fluent (with Fluent Meshing) 的 Solution 中，双击 Results 同样可以进入 CFD-Post，如图 21-30 所示。

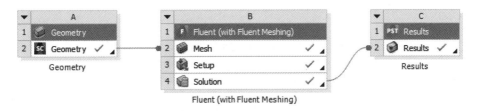

图 21-30　Fluent (with Fluent Meshing)

(11) 进入 CFD-Post 之后，选择 Tools→Timstep Selector，打开 Timestep Selector 对话框，可以看到当前计算已经保存的所有时间步的计算结果，如图 21-31 所示。

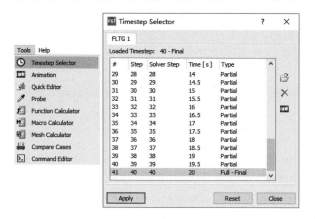

图 21-31　时间步选择器

(12) 选择 Insert→Location→Point，创建一个新的 Point，其默认名称为 Point 1，如图 21-32 所示。

(13) 在 Details of Point 1 对话框中，将其定义为出口最大温度值，则将 Method 设定为 Variable Maximum，Location 设定为 out，Variable 设定为 Temperature，如图 21-33 所示。

图 21-32　Point 创建

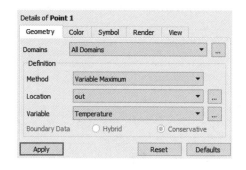

图 21-33　Point 定义

(14) 选择 Insert→Chart，可以创建一个新的图表，图表默认名称为 Chart 1，如图 21-34 所示。

(15) 在 Details of Chart 1 对话框的 General 标签页中，将图表的类型设定为 XY-Transient or Sequence，以满足我们对于瞬态结果数据处理的需求，同时可以在 Title 文本框中设定其名称为"出口最大温度"，如图 21-35 所示。

(16) 在 Details of Chart 1 对话框的 Data Series 标签页中，将 Location 设定为 Point 1，则当前图表会读取 Point 1 所指的出口最大温度，如图 21-36 所示。

(17) 在 Details of Chart 1 对话框的 Y Axis 标签页中，将 Y 轴方向的变量设定为 Temperature，即图表的 Y 轴是温度值，如图 21-37 所示。

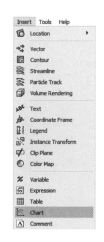

图 21-34　新建图表

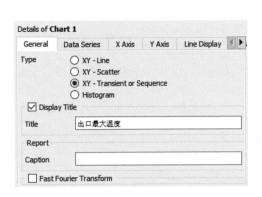

图 21-35　图表类型设定

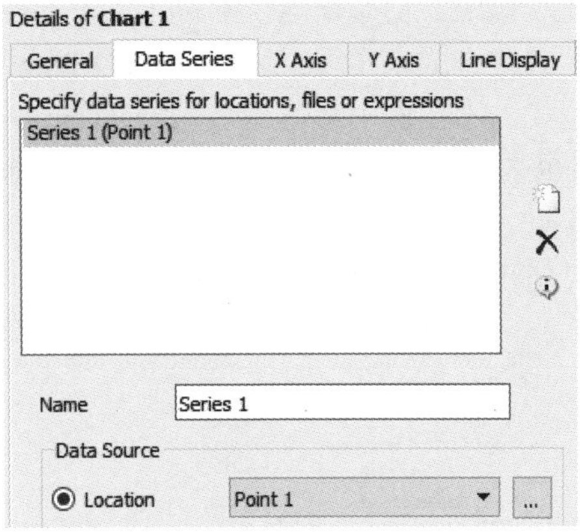

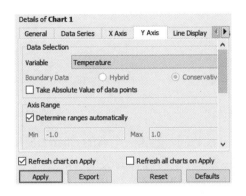

图 21-36　数据源设定

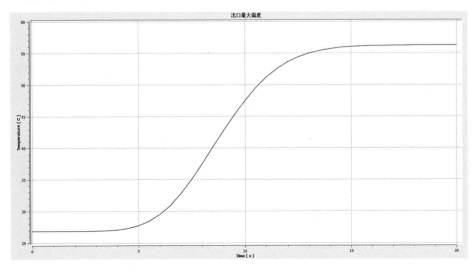

图 21-37　Y 轴数据设定

(18) 单击对话框下方的 Apply 按钮，则完成当前图表的设定，在 Chart Viewer 中显示出当前设定下的出口最大温度的变化曲线，如图 21-38 所示。该曲线可以直观地展示出口最大温度从 0～20 s 的变化过程。

图 21-38　出口最大温度的变化曲线

(19) 如果我们想在这个基础上，得到出口平均温度随时间变化的曲线，那么也可以通过创建表达式的方式来实现。同样在 CFD-Post 中，在 Expressions 标签页中，右键单击创建一个新的表达式，本实例中将其命名为 OutTempAve，如图 21-39 所示。

(20) 在 Details of OutTempAve 对话框中，需要定义该表达式的具体内容，在这里定义为 areaAve(Temperature)@out，也就是出口位置的平均温度值，单击 Apply 按钮，则自动计算出当前时间步下的出口平均温度值，如图 21-40 所示。

图 21-39　新建表达式

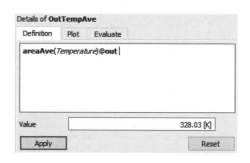

图 21-40　表达式定义

(21) 与创建 Chart 1 时的方法相同，创建一个新的 Chart，使用默认名称 Chart 2。在 Details of Chart 2 对话框的 Genera1 标签页中，将图表的类型设定为 XY-Transient or Sequence，同时可以在 Title 中设定其名称为"出口平均温度"，如图 21-41 所示。

(22) 在 Details of Chart 2 对话框的 Data Series 标签页中，右键单击新建一个 Series，默认名称为 Series 2。它的数据源不再是具体的边界面，而是我们创建的表达式，所以在 Data Source 选项组中选中 Expression 单选按钮，并将其设定为 OutTempAve，如图 21-42 所示。

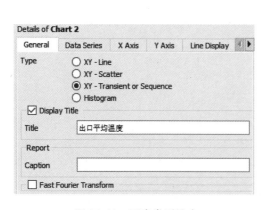

图 21-41　图表类型设定

图 21-42　数据源设定

(23) 在 Details of Chart 2 对话框的 Y Axis 标签页中，将 Y 轴方向的变量设定为 Temperature，即图表的 Y 轴是温度值，如图 21-43 所示。

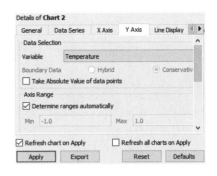

图 21-43　Y 轴数据设定

(24) 单击对话框下方的 Apply 按钮，则完成当前图表的设定，在 Chart Viewer 中显示出当前设定下的出口平均温度的变化曲线，如图 21-44 所示。该曲线可以直观地展示出口平均温度从 0～20 s 的变化过程。

(25) 可以在 Line Display 标签页中对曲线的显示方式进行修改，比如在这里将曲线的 Symbols 设定为 Ellipse，如图 21-45 所示。

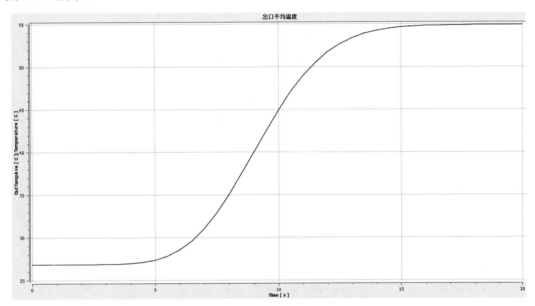

图 21-44　出口平均温度的变化曲线

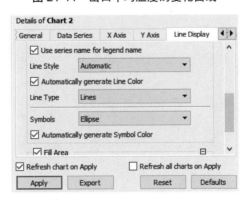

图 21-45　曲线显示方式设定

(26) 单击 Apply 按钮，可以看到曲线的显示方式改变了，两条曲线同时显示，可以更加清晰地展示出两个物理量的差异，如图 21-46 所示。

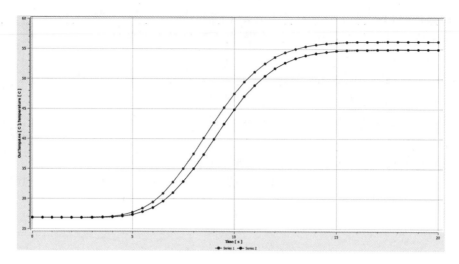

图 21-46   曲线显示方式改变